EXAM PRESS®

HTML5 Professional Certification

LPI-Japan HTML5 認定教材

LPI-Japan 認定教材

HTML 教科書®

HTML5 プロフェッショナル認定試験 レベル1

スピードマスター問題集

Version 2.5対応

株式会社富士通ラーニングメディア 抜山雄一・七條怜子・結城陽平・竹川夏実 著

JN072848

SE SHOEISHA

本書内容に関するお問い合わせについて

このたびは翔泳社の書籍をお買い上げいただき、誠にありがとうございます。弊社では、読者の皆様からのお問い合わせに適切に対応させていただくため、以下のガイドラインへのご協力をお願い致しております。下記項目をお読みいただき、手順に従ってお問い合わせください。

●ご質問される前に

弊社Webサイトの「正誤表」をご参照ください。これまでに判明した正誤や追加情報を掲載しています。

正誤表　https://www.shoeisha.co.jp/book/errata/

●ご質問方法

弊社Webサイトの「書籍に関するお問い合わせ」をご利用ください。

書籍に関するお問い合わせ　https://www.shoeisha.co.jp/book/qa/

インターネットをご利用でない場合は、FAXまたは郵便にて、下記"翔泳社 愛読者サービスセンター"までお問い合わせください。

電話でのご質問は、お受けしておりません。

●回答について

回答は、ご質問いただいた手段によってご返事申し上げます。ご質問の内容によっては、回答に数日ないしはそれ以上の期間を要する場合があります。

●ご質問に際してのご注意

本書の対象を越えるもの、記述個所を特定されないもの、また読者固有の環境に起因するご質問等にはお答えできませんので、予めご了承ください。

●郵便物送付先およびFAX番号

送付先住所　〒160-0006　東京都新宿区舟町5

FAX番号　03-5362-3818

宛先　（株）翔泳社 愛読者サービスセンター

はじめに

本書は、特定非営利活動法人エルピーアイジャパン(以下、LPI-Japan)が実施する「HTML5プロフェッショナル認定試験 レベル1」(以下、HTML5 レベル1試験)に対応する試験対策問題集です。HTML5 レベル1試験は2014年のVer1.0に始まり、2017年にVer2.0、2022年にVer2.5がリリースされました。本書は最新バージョンであるVer2.5の出題範囲に準拠したLPI-Japan認定教材です。

本書の旧版であるVer2.0対応の試験対策問題集を出版した2018年からの4年間で、HTMLを取り巻く環境は大きく変化しました。2018年当時はW3C(World Wide Consortium)とWHATWG(Web Hypertext Application Technology Working Group)、2つの団体がHTML仕様を策定していました。W3CとWHTAWGはそれぞれ協調しつつも、HTMLをバージョニングして静的に区切るか、それとも常に進化させ続けるかという点において、異なるスタンスに立って活動していました。しかし、2019年にW3CとWHATWGがHTMLとDOMの仕様策定を共同で行うことを発表し、長年にわたり並立していた2つの仕様が一本化されることになりました。また、2021年からはHTML仕様をHTML Standardと呼ぶことになりました。そして、W3Cが行っていたバージョニングを廃止して、Living Standardとなりました。Living Standardはバージョンや仕様勧告といった概念がないため、最終更新日などで策定状況を判断することになります。

これらの変化によって、HTML5という仕様名はなくなりました。しかし、今まで策定されてきた仕様は引き継がれているため、修得済みの知識やスキルの多くはそのまま活用することができます。その反面、Living Standardとして変化していくため、定期的に技術をキャッチアップすることの重要性が増したと言えます。HTML5 レベル1試験もこのような利用環境の変化に対応して、Ver2.0からVer2.5に改訂されました。そこで、本書も版を改めることになりました。数多くの問題を用意し、網羅的な学習から資格取得に向けた効率的な学習まで、目的に応じたさまざまな学習で使用できるという旧版のコンセプトはそのままに、最新の技術や出題形式に対応しました。それに伴い、出題問題の精査や解説のブラシュアップなど、多くの変更を行いました。また、第6章 模擬試験は完全リニューアルを行っています。旧版と同様、HTMLを学習する皆様に本書をご活用いただければ幸いです。

2022年12月
株式会社 富士通ラーニングメディア
筆者一同

HTML5プロフェッショナル認定資格試験の概要

HTML5プロフェッショナル認定資格は、特定非営利活動法人エルピーアイジャパン（以下、LPI-Japan）が中立的な立場から、HTML5、CSS3、JavaScriptなど最新のマークアップに関する技術力と知識を、公平かつ厳正に、中立的な立場で認定する認定制度です。レベル1とレベル2の2つの試験で構成されています。なお、レベル2に認定されるためには、レベル1の認定を受けている必要があります。

HTML5プロフェッショナル認定資格試験の概要を以下に示します。

HTML5認定資格の概要

認定正式名	概要
HTML5 プロフェッショナル認定 レベル 1	マルチデバイスに対応した Web コンテンツ制作の基礎の実力を測る
HTML5 プロフェッショナル認定 レベル 2	システム間連携や最新のマルチメディア技術に対応した Web アプリケーションや動的 Web コンテンツの開発・設計の能力を認定する

2つの試験のうち、本書が対象とするのは「HTML5プロフェッショナル認定試験 レベル1」（以下、HTML5 レベル1試験）です。この認定の取得を通じて、下記のスキルと知識を持つWebプロフェッショナルであることを証明できます。

- HTML5 を使って Web コンテンツを制作することができる。
- ユーザー体験を考慮した Web コンテンツを設計・制作することができる。
- スマートフォンや組み込み機器など、様々なデバイスに対応したコンテンツ制作ができる。
- HTML5 で何ができるのか、どういった技術を使うべきかの広範囲の基礎知識を有する。

また、HTML5 レベル1は、経済産業省が定めるITSSと認定試験をマッピングした「ITSSキャリアフレームワークと認定試験・資格の関係」において、【アプリケーションスペシャリスト】と【ソフトウェアディベロップメント】の2分野で、【レベル2】に位置付けられています。

なお、ここで掲載している概要は本書執筆時点のものです。試験や認定についての最新情報は、公式サイトで確認してください。

【HTML5プロフェッショナル認定試験 公式サイト】

`https://html5exam.jp/`

HTML5 レベル 1 の試験概要と出題範囲

HTML5 レベル1に認定されるためには、HTML5 レベル1試験に合格する必要があります。HTML5 レベル1試験は、最新技術に対応するために出題範囲や問題が適宜見直されています。2022年2月に、Ver2.5に試験が改定されました。

HTML5 レベル1 Ver2.5の試験概要と出題範囲を以下に示します。

HTML5 レベル1 Ver2.5の試験概要

試験名	試験正式名（和名）：HTML5 プロフェッショナル認定試験 レベル 1 試験正式名（英名）：HTML5 Professional Certification Level.1 Exam 試験名の略称（和名）：HTML5 レベル 1 試験 試験名の略称（英名）：HTML5 Level.1 Exam
所要時間	90 分
試験問題数	約 60 問
受験料	￥15,000（税別）
試験実施方式	コンピュータベーステスト（CBT） ※出題方式はマウスによる選択方式がほとんどだが、キーボード入力問題も多少出題される。実技や面接はない。
合否結果	合否結果は試験終了時に表示
優位性の期限	5 年間

※ 2022 年 10 月時点

HTML5 レベル1 Ver2.5の試験範囲

項目	重要度	説明
1.1 Web の基礎知識		
1.1.1 HTTP, HTTPS プロトコル	8	HTTP のコンテンツ作成や、サイト全体の設計を行うために必要な HTTP および HTTPS プロトコルに関する知識を有している。 また、ブラウザでアクセスしたときに返ってくるエラーコードの意味を理解できて、問題を解決するヒントとすることができる。
1.1.2 HTML の書式	9	正しくブラウザにコンテンツを表示させるために、HTML の仕様に沿った書式で HTML コードを記述することができる。
1.1.3 Web 関連技術の概要	6	動的な Web コンテンツを作成するプロジェクトにおいて、どのような技術や対策を行っているのかを理解し、プロジェクト内で円滑にコミュニケーションできるために必要な知識を有している。 Web コンテンツへのアクセスを伸ばす方法として、一般的に利用されているものについて説明することができる。
1.2 CSS		
1.2.1 スタイルシートの基本	7	大規模なサイトやコンテンツにおいても、見やすく効率的なコードを記述し、複数のページで共有させるために必要な記述を適切に行うことができる。
1.2.2 CSS デザイン	9	要件に沿ったデザインを CSS を利用して実現する際に、どのような実現方法が適切か判断でき、仕様に沿った正しいコードを記述することができる。

項目	重要度	説明
1.2.3 カスケード（優先順位）	2	大規模なサイトを作成する場合や、外部から提供されたスタイルシートを利用する場合に起こりやすい、HTMLの1つの要素に対して複数の記述が対象となる事象（プロパティの衝突）が発生した場合における適用の優先順位を理解している。
1.3 要素		
1.3.1 要素と属性の意味（セマンティクス）	10	HTML要素や属性のセマンティクスを理解し、コンテンツの意味を解釈しながら適切なHTML要素や属性を使ってHTMLコーディングができる。
1.3.2 メディア要素	6	ビデオやオーディオをHTMLコンテンツとして適切に活用できる。
1.3.3 インタラクティブ要素	7	ユーザーの操作を伴うHTML要素を効果的に活用できる。
1.4 レスポンシブWebデザイン		
1.4.1 マルチデバイス対応	7	要件に沿ったページをデザイン・設計する際に、さまざまな画面サイズに合わせてデザインが仕様どおりになるページの実現方法を理解しており、マルチデバイス対応のページを作成できる。 スマートフォンなどのモバイル環境でWebコンテンツを閲覧するときを考慮し、回線速度などモバイル特有の環境でも快適に閲覧できるコンテンツを設計・開発できる。
1.4.2 メディアクエリ	5	メディアクエリを利用して、画面サイズなどのさまざまな環境に合わせて表示を変えるページを作成することができる。
1.5 APIの基礎知識		
1.5.1 マルチメディア・グラフィックス系API概要	5	ビデオやオーディオを適切にWebコンテンツとして活用するための基礎知識を有し、具体的に何ができるのかを理解している。 静的・動的を問わず、適切なグラフィックスを扱うための基礎知識を有し、適切な技術を選択できる。 ビデオとグラフィックスを組み合わせて何ができるのかを理解している。
1.5.2 デバイスアクセス系API概要	4	スマートフォンやパソコンに備え付けられているセンサーなどのデバイスに関する技術を理解し、それらをJavaScriptからAPIを使って何ができるのかを理解している。
1.5.3 オフライン・ストレージ系API概要	4	JavaScriptからデータをブラウザー内に保存する仕組み、オフラインアプリケーション、最新のバックグラウンドによる処理の仕組みを理解し、Webアプリケーションで何が可能になるのかを理解している。
1.5.4 通信系API概要	3	JavaScriptからさまざまな通信プロトコルを使ってクラウドと通信する仕組みと特性を理解し、利用シーンに応じて適切なAPI選択ができる。

※2022年10月時点

受験申込みから結果確認まで

HTML5プロフェッショナル認定試験は、ピアソンVUE（試験配信会社）の全国各地の試験センターでの受験に加え、自宅や職場など、受験しやすい場所で受験できます。受験予約にはWeb予約と電話予約の2つの方法があります。

ここでは試験センター、自宅や職場などでの受験の流れを説明します。実際に受験の申込みをする際は、必ず公式サイトの下記ページで最新情報を確認してください。

【受験のお申込み】
https://html5exam.jp/register/

(1) EDUCO-IDの取得

HTML5 レベル1試験の申込みにあたっては、事前にEDUCO-IDを取得する必要があります。すでに取得済みの方は改めて取る必要はありません。

(2) 受験場所の選択

全国各地にある試験センターでの受験に加え、自宅や職場などからでも受験ができるオンライン試験（OnVUE試験）で受験をすることができます。OnVUE受験の場合は受験環境の確認などが必要となります。

(3) 受験チケット事前購入または試験予約

HTML5の受験チケットの購入と試験予約は、受験チケットを先に購入するパターンと同時に購入するパターンの2種類あります。いずれにしても、ピアソンVUEのアカウントが必要です。

(4) 受験結果について

テストセンターで受験をした場合は、全ての問題を回答し終えて「テスト終了」ボタンを押すとその場でテスト結果が表示されます。

オンライン試験（OnVUE試験）で受験した場合は、試験終了後に受験者ご自身のピアソンVUEのページにログインすることで確認できます。

合格した場合は2週間程度で「受験者様マイページ」に登録した住所に認定証と認定カードが届きます。

リテークポリシーと優位性の期限

不合格の場合は、再受験する際のリテークポリシーに注意してください。

リテークポリシー

HTML5 レベル1試験を再受験するには、最終受験日の翌日から起算して5日目以降(土日含む)から可能となります。3回目以降の再受験の場合も同様です。

優位性の期限

HTML5 レベル1、レベル2の認定者は、「認定日から5年以内(※1)」に「同一レベルの認定の再取得」または「上位レベルの取得」をすることで、「ACTIVE(※2)」な認定ステイタス(※3)を維持することができます。

これにより、HTML5プロフェッショナル認定の認定者の方々は、最新の技術要素を反映した技術力を証明することができます。この認定ステイタスの概念は変化の早いWeb技術の業界において最新の技術を理解しているか否かの判断基準として取り入れているものであり、認定された「事実」が無効になることはありません。

(※1) 認定日から5年以内…試験の合格日（認定日）を基準とし5年以内。

(※2) ACTIVEとは、「有意性あり」すなわち「現在活動中、現役」を意味します。したがって、ACTIVEでなくINACTIVEになることは、過去には認定されたスキルを保有していたが、現在はそのスキルが現役のシステム設計・開発・維持にマッチしないということになります。これは認定者本来の資質を判定するものではありません。

(※3)「ACTIVE」または「INACTIVE」を認定ステイタスといいます。これは、受験者自らがメンバーズエリア（受験者用ログインページ）にログインすることで確認できます。

本書の対象読者

本書は、HTML5レベル1の合格を目指されている方を対象とした問題集です。初学者の方にも学びやすい構成を心掛けていますが、HTML5によるWebページの作成方法を一から順を追って説明しているわけではありません。

そのため、初めてHTMLやCSSを学習するという方は、入門者向けの『HTML5＆CSS3しっかり入門教室 ゼロからよくわかる、使える力が身につく』（山崎響著／ISBN：978-4-7981-54558）や『ホームページ辞典 第6版 HTML・CSS・JavaScript』（株式会社アンク 著／ISBN：978-4-7981-5321-6）などの書籍で前提知識を取得されることをお勧めします。

また、講習会形式で学習したい方は、以下の講座をご受講ください。

【株式会社富士通ラーニングメディア：HTMLとCSSによるホームページ作成】

```
https://www.kcc.knowledgewing.com/icm/srv/course-
application/init-detail?cd=FLM&cscd=UJS29L&pcd=FLMC
```

本書の使い方

本書は、本番試験に近い形式の練習問題で構成されています。1章から5章まで試験範囲に沿って、その分野に関する問題を掲載しています。

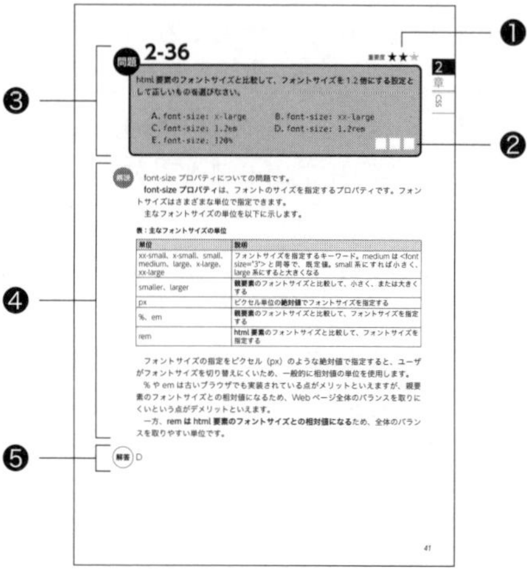

❶試験における重要度を★で表示しています。★の数が多いほど重要度が高くなります。じっくり学習したい方はすべての問題を、試験傾向を素早く把握したい方、直前対策に利用したい方は、★★★から見ていくことをお勧めします。

❷問題に正解することができたかどうかを確認するためのチェックボックスです。できなかった問題にチェックを入れることで、復習する問題の目安にできます。

❸問題文です。各章に関連する問題を、本番試験に近い形式で掲載しています。選択式の問題と記述の問題、2種類があります。

❹問題に対する解説です。解説には、その分野に関する重要用語や関連事項なども記載されています。解説にも試験に関わる重要な項目が掲載されているため、問題に正解した場合でも、必ず一読することをお勧めします。

❺問題に対する答えです。

6章には模擬試験1回分を収録しています。本番の試験に備え、制限時間内にすべての問題を解けるようにしましょう。

なお、本書記載の解説、画像等は本書執筆時点の情報やツール(Google ChromeやFirefox)をもとに作成しています。古いブラウザでは正しく動作しない場合があるので注意してください。そのため、ブラウザの実装状況は「Can I Use」などで適宜確認してください。

LPI-Japan 認定教材制度について

ロゴの商標について

LPI-JAPAN認定教材ロゴ（LATMロゴ）とHTML5プロフェッショナル認定試験ロゴは一般社団法人エデュコの商標権です。本商標に関する全ての権利は一般社団法人エデュコに留保されています。

LPI-JAPAN認定教材ロゴの意味するもの

本教材が、2022年10月時点において、一定の基準を満たすかを特定非営利活動法人エルピーアイジャパン（LPI-Japan）が審査し合格したことを示すものです。本教材で学習することにより合格を保証するものではありません。

LPI-JAPAN認定教材（LATM）制度とは

特定非営利活動法人エルピーアイジャパン（LPI-Japan）が実施する認定資格の取得を目指す受験者に高品質の教材を提供するための制度です。

本書記載内容に関する制約について

本書は「HTML5プロフェッショナル認定試験 レベル1」に対応した問題集です。「HTML5プロフェッショナル認定試験 レベル1」は特定非営利活動法人エルピーアイジャパン（LPI-Japan。以下、主催者）が運営する資格制度に基づく試験であり、一般に「ベンダー資格試験」と呼ばれているものです。「ベンダー資格試験」には、下記のような特徴があります。

① 出題範囲および出題傾向は主催者によって予告なく変更される場合がある。
② 試験問題は原則、非公開である。

本書の内容は、その作成に携わった著者をはじめとするすべての関係者の協力（実際の受験を通じた各種情報収集、分析など）により、可能な限り実際の試験内容に則すよう努めていますが、上記①・②の制約上、その内容が試験の出題範囲および試験の出題傾向を常時正確に反映していることを保障するものではありませんので、あらかじめご了承ください。

目次

1章

Webの基礎知識

本章のポイント

▶HTTP、HTTPSプロトコル

リソースの送受信に用いられる通信プロトコルである、HTTPの概要について扱います。クライアントからのリクエスト、およびサーバからのレスポンスでどのようなやり取りがなされているかを確認します。

重要キーワード

HTTP、HTTPS、HTTP/1.1、HTTP/2、リクエストメソッド、URI、URL、ステータスコード、HTTPヘッダ、認証、HTTPクッキー

▶HTMLの書式

HTMLの仕様にのっとった書式を扱います。

重要キーワード

文書型宣言、UTF-8、文字実体参照、<html>、<title>、<link>、<meta>

▶Web関連技術の概要

動的なコンテンツ構築において、サーバサイドエンジニアとコミュニケーションをとるために必要な知識を扱います。具体的にはAjaxやMVC、Web上における脅威などについての理解を深めます。

重要キーワード

セッション、Ajax、インタレース、画像ファイルフォーマット、MVC、Base64、Data URI、セキュリティ、DOM、マイクロデータ、カスタムデータ属性

問題 1-1

重要度 ★★★

対象のリソースの置き換えを要求するリクエストメソッドとして、正しいものを選びなさい。

A. GET
B. PUT
C. POST
D. DELETE
E. HEAD

解説 リクエストメソッドについての問題です。

リクエストメソッドは、リクエスト対象に実行させたいアクションを示すキーワードです。

リクエストメソッドは、**クライアントからサーバにリクエストする際に送信されます**。一般的なWebコンテンツ（UIのあるWebコンテンツ）では、リソースの要求を示すGETと、リソースの送信を示すPOSTが頻繁に使用されます。

主なリクエストメソッドを以下に示します。

表：主なリクエストメソッド

リクエストメソッド	説明
GET	リソースの要求
POST	リソースの送信
PUT	リソースの更新
DELETE	リソースの削除
HEAD	リソースの要求 ただし、GETと異なり、レスポンスボディを返さない
OPTIONS	サーバの調査
CONNECT	トンネルを開く
TRACE	ネットワーク経路の調査

解答 B

問題 1-2

重要度 ★★★

永続的なリダイレクトを示すステータスコードとして、正しいものを選びなさい。

A. 101　　B. 200
C. 301　　D. 401
E. 404

解説　ステータスコードについての問題です。

ステータスコードは、リクエストが成功したかどうかを示す数値です。ステータスコードは100番台から500番台までの5つのグループがあり、番号ごとに意味が決められています。永続的なリダイレクトを示すステータスコードは301です。

主なステータスコードを以下に示します。

表：主なステータスコード

種類	番号	意味
情報	101	プロトコルの切り替え
成功	200	成功
リダイレクト	301	永続的なリダイレクト
	304	変更なし。キャッシュしたファイルが使用される
	307	一時的なリダイレクト
クライアントエラー	400	クライアント側のエラー
	401	認証が必要
	403	アクセス権が必要
	404	リソースが見つからない
サーバエラー	500	サーバ側でエラーが発生

解答　C

問題 1-3

重要度 ★★☆

Basic 認証の説明として、正しいものを3つ選びなさい。

A. ユーザ名・パスワードはハッシュ値化して送信される
B. ユーザ名・パスワードは Authorization ヘッダに付加されて送信される
C. 認証が失敗した場合、ステータスコードとして 401 が返される
D. ほぼすべてのブラウザや Web サーバで実装されている
E. HTTPS による通信が必須である

□□□

解説 Basic 認証についての問題です。

Basic 認証は HTTP で実装されている認証方式の 1 つで、ほぼすべてのブラウザや Web サーバで実装されています。ブラウザでユーザ名・パスワードを Base64 化したうえで、Authorization ヘッダに付加して Web サーバに送信します。Web サーバ側で認証が失敗した場合は、401 ステータスコードが返却されます。

Basic 認証は、ユーザ名・パスワードをハッシュ値化せずに送信するため、盗聴や改ざんの危険があります。そのため、HTTPS 通信を用いることが望ましいですが、必須ではありません。

なお、ハッシュ値化とは、改ざん検出などに用いる技術です。一定のアルゴリズム（MD5、SHA-1 など）に基づいて、元データからハッシュ値を生成します。元データに少しでも変更があれば、ハッシュ値はまったく別のものになります。元データが同じであれば、ハッシュ値は同一になります。そのため、データを受信した側のサーバでは、あらかじめ保持しているデータをハッシュ値化することで、送信データとの突き合わせができます。

解答 B, C, D

問題 1-4

重要度 ★★★

HTTP クッキーの説明として、誤っているものを2つ選びなさい。

A. 4MB 程度のデータを保存できる
B. ブラウザにデータを保存する
C. JavaScript で操作できる
D. HTTP・HTTPS どちらでも使用できる
E. データの保存期間は無期限である

□□□

解説 HTTPクッキーについての問題です。

HTTPクッキーはサーバから送信された少量のデータをブラウザで保存する仕組みです。セッション管理や個人設定の保存、ユーザ情報のトラッキングなどに使用されます。

HTTPクッキーで保存できるサイズは、通常4KB程度です。また、有効期限を設定する必要があります。大容量のデータを永続的に保存する場合は、Web Storageなどを使用してください（**5-17**を参照）。

なお、HTTPクッキーはHTTP･HTTPSどちらの通信でも送受信できます。また、ブラウザ側でJavaScriptを用いて操作することも可能です。**セキュリティの観点から、HTTP通信での送受信やJavaScriptで操作させたくない場合は、HTTPクッキーにSecure属性とHttpOnly属性を追加してください。**Secure属性を追加すると、HTTPS通信でのみHTTPクッキーを使用できるようになります。また、HttpOnly属性を追加すると、JavaScriptからHTTPクッキーにアクセスできなくなります。

解答 A, E

問題 1-5

重要度 ★☆☆

HTTPで用いられる認証方式の説明として、正しいものを選びなさい。

- **A.** Basic認証は、パスワードのみをハッシュ値化する
- **B.** Basic認証は、ユーザ名・パスワードをハッシュ値化する
- **C.** Digest認証は、パスワードのみをハッシュ値化する
- **D.** Digest認証は、ユーザ名・パスワードをハッシュ値化する
- **E.** Webアプリケーションでは、Basic認証とDigest認証以外の認証を用いることはできない

解説 Digest認証についての問題です。

Digest認証は、HTTPで実装されている認証方式の1つで、**ユーザ名とパスワードをMD5、またはSHA-2でハッシュ値化したうえでWebサーバに送信します。**そのため、Basic認証よりも安全にユーザ名・パスワードを送信できます。

Webアプリケーションでは、Basic認証とDigest認証以外にも独自の認証を用いることができます。ただし、認証機構自体を自作するとセキュリティホールにつながります。そのため、Webアプリケーションを構築している言語、またはフレームワークに備わっている認証機構を利用することをお勧めします。

Basic認証については、**1-3**を参照してください。

解答 D

問題 1-6

重要度 ★★★

HTTP リクエストの説明として、誤っているものを選びなさい。

A. リクエストの開始行には、URL と HTTP のリクエストメソッド、HTTP のバージョンが含まれる
B. メッセージボディには、ブラウザからの送信データが含まれる
C. HTTP のリクエストメソッドが GET の場合、メッセージボディは空でもよい
D. Content-Length ヘッダは、メッセージボディのサイズを指定する
E. Accept-Language ヘッダは、ブラウザが理解できるプログラミング言語を指定する

解説 HTTP リクエスト（ヘッダフィールド、メッセージボディ）についての問題です。

HTTP リクエストは、ブラウザから Web サーバに対する要求のことです。HTTP リクエストで用いられるメッセージは仕様で構造が決められています。なお、メッセージ構造は HTTP レスポンスでも同じものになります。HTTP リクエストのメッセージ構造を以下に示します。

図：HTTP リクエストのメッセージ構造

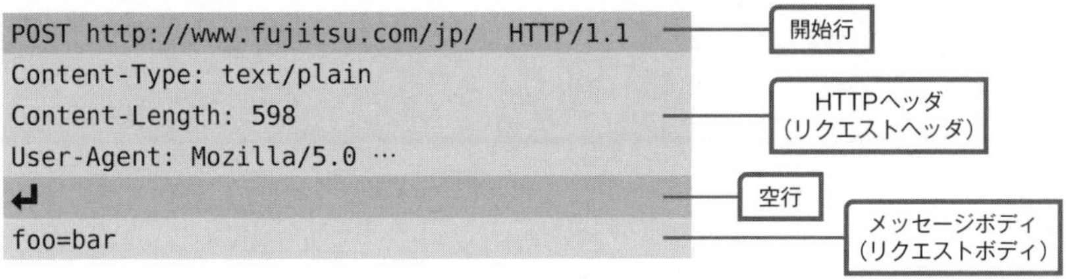

メッセージの開始行には、リクエスト先の URL、HTTP のリクエストメソッド、HTTP のバージョンが含まれます。

HTTP ヘッダはリクエストやレスポンスに追加する付加情報です。HTTP ヘッダはヘッダ名と：（コロン）、値の 3 つで構成されています。

図：HTTPヘッダの記述例

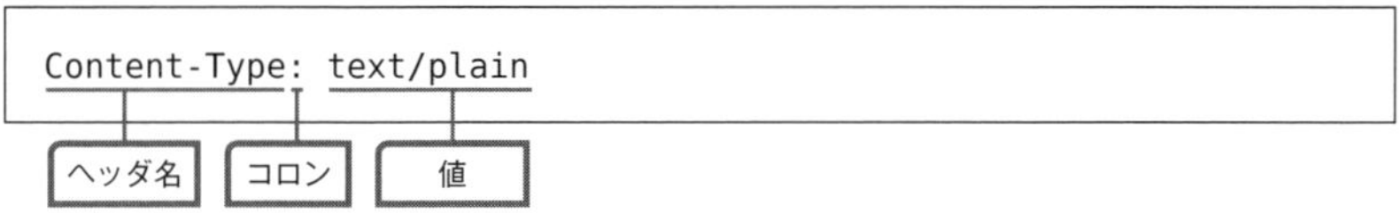

HTTPヘッダの1つである**Accept-Languageヘッダフィールドは**、ブラウザが受け入れ可能な自然言語（日本語や英語など）を指定するためのものです。そのため、JavaScriptのようなプログラミング言語を指定することはできません。

そのほかの主なHTTPヘッダを以下に示します。

表：主なHTTPヘッダフィールド

ヘッダフィールド名	説明
Accept-Language	ブラウザが受け入れ可能な言語
Accept	クライアントが受け入れ可能なコンテンツタイプ
Age	プロキシにキャッシュする秒数
Authorization	認証情報
Cache-Control	キャッシュを制御
Cookie	クッキーの送受信
Content-Encoding	圧縮アルゴリズム
Content-Length	メッセージボディのサイズ
Content-Language	ユーザ向けの言語情報
Content-Type	コンテンツのメディアタイプ
Expires	リソースの有効期限
Host	サーバ名とポート
Last-Modified	リソースの最終更新情報
Location	リダイレクト先のURL
Referer	前ページのURL
User-Agent	リクエストをしたブラウザを表す文字列

メッセージボディ（リクエストボディ/レスポンスボディ）は、ブラウザ/Webサーバ間で送受信するデータです。POSTメソッドでブラウザからWebサーバにデータを送信する場合、データはメッセージボディ（リクエストボディ）に含みます。一方、GETメソッドでリクエストする場合は、メッセージボディ（リクエストボディ）は空のままになります。

解答 E

問題 1-7

重要度 ★★☆

JSONデータの受け入れを示すAcceptヘッダフィールドの記述として、正しいものを選びなさい。

A. Accept: text/html
B. Accept: text/plain
C. Accept: text/json
D. Accept: application/json
E. Accept: application/javascript

□□□

解説　Acceptヘッダフィールドについての問題です。

Acceptヘッダフィールドは、ブラウザが受け入れることができるコンテンツタイプをMIMEタイプで指定します。JSON形式のMIMEタイプはapplication/jsonです。text/htmlはHTMLファイル、text/plainはテキストファイルの既定値、application/javascriptはJavaScriptファイルを示すため誤りです。なお、text/jsonは存在しません。

解答　D

問題 1-8

重要度 ★★★

リソースが見つからないことを示すステータスコードとして、正しいものを選びなさい。

A. 101　　B. 500
C. 404　　D. 200
E. 401

□□□

解説　ステータスコードについての問題です。

リソースが見つからないことを示すステータスコードは404です。そのほかのステータスコードの意味は、**1-2**を参照してください。

解答　C

問題 1-9

重要度 ★☆☆

以下の URL のうち、オリジンに当たる部分として、正しいものを選びなさい。

http://www.knowledgewing.com/kw/sch/course.html?cq=HTML

A. http
B. http://www.knowledgewing.com
C. www.knowledgewing.com
D. /kw/sch/course.html
E. cq=HTML

解説 URL（URI）についての問題です。

URL とは、ネットワーク上のリソースを一意に識別するための記述規約です。URL の記述規約を以下に示します。

URL の記述規約

スキーマ://ホスト名:ポート番号/ディレクトリ/ファイル名

URL のうち、「スキーマ:// ホスト名 : ポート番号」までを**オリジン**と呼びます。Web には、同一オリジンポリシーと呼ばれる考え方があります。**同一オリジンポリシー**とは、Web ページなどから、異なるオリジンのリソースにアクセスできないようにする制限のことです。たとえば、XMLHttpRequest（**1-34** を参照）によるリソースの読み込みは、セキュリティ上の観点から制限がかけられます。また、Web Storage や Indexed Database API（**5-16** を参照）は、オリジン単位でデータアクセスの権限が設定されます。

解答 B

問題 1-10

重要度 ★☆☆

以下の URL のうち、フラグメントに当たる部分として、正しいものを選びなさい。

http://www.fujitsu.com/jp/group/flm/index.html?q=flm#main

A. http
B. http://www.fujitsu.com
C. www.fujitsu.com
D. ?q=flm
E. #main

□□□

解説 URL（URI）についての問題です。

URL のフラグメントは、# で表現します。フラグメントは主に、同一 Web ページ内のリンクを作成するために使われます。なお、選択肢 A はスキーマ、選択肢 B はオリジン、選択肢 C は FQDN、選択肢 D はパラメータ（クエリ文字列）に当たります。

解答 E

問題 1-11

重要度 ★☆☆

HTTP/HTTPS の既定のポート番号として、正しい組み合わせを選びなさい。

A. http: 20, https: 21
B. http: 25, https: 110
C. http: 80, https: 443
D. http: 137, https: 138
E. http: 67, https: 68

□□□

解説 HTTP/HTTPS のポート番号についての問題です。

ポート番号とは、TCP/IP における通信の窓口となる番号です。特に 0 - 1023 は**ウェルノウンポート番号**と呼ばれ、特定のサービスのために予約されています。HTTP のウェルノウンポート番号は 80 番、HTTPS のウェルノウンポート番号は 443 番です。**ウェルノウンポート番号を使用している場合、URL からポート番号を省略できます。**

なお、Web サーバの設定によっては、ウェルノウンポート番号以外の番号でHTTP/HTTPS の通信を行うこともできます。その際は、URL からポート番号を省略できません。

解答 C

問題 1-12

重要度 ★☆☆

HTTPS の説明として、誤っているものを選びなさい。

A. SSL/TLS プロトコルを用いて通信を暗号化したうえで、送受信する
B. HTTP 通信と比較して、Web サーバの負荷が高い
C. 暗号化のためには認証局（CA）から証明書を取得する必要がある
D. HTTP ヘッダ・インジェクションの対策となる
E. HTTPS のウェルノウンポートは 443 番である

解説 HTTPS についての問題です。

HTTPS とは、安全に HTTP 通信を行うためのプロトコルです。平文で通信する HTTP とは異なり、HTTPS は SSL/TLS で暗号化して通信します。暗号化には認証局（CA）が発行した証明書が必要になります。通信を暗号化することで、**なりすましや盗聴を防ぐことができます。**ただし、SQL インジェクションや HTTP ヘッダ・インジェクションの対策とはなりません（**1-42** を参照）。

HTTPS 通信は暗号化と復号が伴うため、HTTP 通信と比べるとクライアント（ブラウザ側）と Web サーバ側の負荷が高まります。また、HTTPS のウェルノウンポート番号は 443 番です（**1-11** を参照）。

解答 D

問題 1-13

重要度 ★★☆

HTTP で定義されているリクエストメソッドを 3 つ選びなさい。

A. GET　　B. PUT
C. UPDATE　　D. DROP
E. CONNECT

解説 リクエストメソッドについての問題です。

選択肢のうち、HTTPで定義されているリクエストメソッドは、GETとPUT、CONNECTです。そのほかのリクエストメソッドについては、**1-1**を参照してください。

なお、UPDATE、DROPというリクエストメソッドは定義されていません。

解答 A, B, E

問題 1-14

重要度 ★★☆

キャッシュを制御するHTTPヘッダフィールドとして、正しいものを3つ選びなさい。

A. Age
B. Cache-Control
C. Expires
D. Last-Modified
E. Referer

解説 キャッシュの制御についての問題です。

キャッシュはWebサーバから取得したリソースを保存する技術です。ブラウザがリソースをリクエストした際、キャッシュが保存されていると、Webサーバからではなく、近くにあるキャッシュからリソースを取得します。そのため、通信のパフォーマンスを向上させたり、Webサーバの負荷を低減したりできます。その一方、キャッシュが残り続けると、リソースの更新が反映されず、ユーザに適切なリソースを返せない場合があります。そのため、キャッシュを長時間保存することはあまりお勧めできません。

Cache-Controlヘッダフィールドは、キャッシュの制御を行います。たとえば、no-storeを設定すると、ブラウザやWebサーバでキャッシュが保存されなくなります。また、max-ageを指定すると、キャッシュの有効期限を秒単位で指定できます。

Cache-Controlヘッダフィールドの記述例

```
Cache-Control: no-store
Cache-Control: max-age=60
```

Expiresヘッダフィールドはレスポンスの有効期限を指定します。Cache-Controlヘッダフィールドと異なり、有効期限は日付形式で指定します。また、Cache-Controlヘッダフィールドでmax-ageの指定がされている場合、Expiresヘッダフィールドは無視されます。

Expiresヘッダフィールドの記述例

```
Expires: Fri, 28 Oct 2022 08:00:00 GMT
```

Ageヘッダフィールドはプロキシサーバ（中継サーバ）にキャッシュする期限を指定します。キャッシュ期限は秒数で指定します。

Ageヘッダフィールドの記述例

```
Age: 10
```

そのほかのHTTPヘッダフィールドは**1-6**を参照してください。

解答 A, B, C

問題 1-15

重要度 ★☆☆

リダイレクトの指定方法として、誤っているものを2つ選びなさい。

A. JavaScriptで転送先を指定できる
B. <link>タグで転送先を指定できる
C. <meta>タグで転送先を指定できる
D. Locationヘッダフィールドで転送先を指定できる
E. Refererヘッダフィールドで転送先を指定できる

解説 リダイレクトについての問題です。

リダイレクトとは、指定したWebページから別のWebページに転送されることです。<link>タグはCSSなどの参照に使うタグです（**1-23**を参照）。また、Refererヘッダフィールドはブラウザが閲覧していた前のURLを示します（**1-6**を参照）。そのため、この2つでリダイレクトの指定はできません。

そのほかの方法は、リダイレクトの指定に使用できます。

解答 B, E

問題 1-16

重要度 ★★★

HTML Standard において、HTML の先頭に記述すべき要素として、正しいものを選びなさい。

A. <!DOCTYPE HTML PUBLIC "-//W3C//DTD HTML 4.01//EN" "http://www.w3.org/TR/html4/strict.dtd">
B. <!DOCTYPE HTML PUBLIC "-//W3C//DTD HTML 4.01 Transitional//EN" "http://www.w3.org/TR/html4/loose.dtd">
C. <!DOCTYPE HTML PUBLIC "-//W3C//DTD HTML 5//EN" "http://www.w3.org/TR/html5/strict.dtd">
D. <!DOCTYPE html5>
E. <!DOCTYPE html>

解説　文書型宣言（DOCTYPE 宣言）についての問題です。

文書型宣言（DOCTYPE 宣言）は、HTML ドキュメントの先頭に記述すべき要素です。レガシーとして残されている要素で、唯一の役割はブラウザが後方互換モードに切り替わることを防ぐことです。

文書型宣言は、<!DOCTYPE html> と記述します。なお、**文書型宣言は大文字・小文字を問いません**。そのため、<!doctype HTML> などと記述しても動作します。

選択肢 A と選択肢 B は HTML 4.01 の文書型宣言です。そのため、HTML Standard からは除外されています。なお、選択肢 C と選択肢 D のような文書型宣言の記述方法はありません。

解答　E

問題 1-17

重要度 ★★☆

HTTP クッキーを利用するとき、以下の条件を満たすために HTTP ヘッダに設定する属性として、正しいものを 2 つ選びなさい。

- **HTTPS 通信でのみ送信する**
- **JavaScript からはアクセスできないようにする**

A. Secure 属性
B. Domain 属性
C. HttpOnly 属性
D. Path 属性
E. SameSite 属性

解説 HTTPクッキーのアクセス制限についての問題です。

Secure属性を設定するとHTTPS通信の場合のみHTTPクッキーを送信可能になります。これによって、通信内容を途中で傍受する中間者攻撃への対処ができます。また、JavaScriptからのアクセスを制限するには、HttpOnly属性を設定します。この設定でクロスサイト・スクリプティング（**1-42**参照）への対処ができます。

解答 A, C

問題 1-18

重要度 ★★☆

以下を表示するために使用する文字実体参照の組み合わせとして、正しいものを選びなさい。

HTMLでは、タグを <> で囲みます。

A. HTMLでは、タグを < で囲みます。
B. HTMLでは、タグを >& で囲みます。
C. HTMLでは、タグを <> で囲みます。
D. HTMLでは、タグを >< で囲みます。
E. HTMLでは、タグを " で囲みます。

解説 文字実体参照についての問題です。

文字実体参照とは、半角スペースや不等号などを表記するための方法です。HTMLにおいて、「<」や「>」はタグを表すため、そのまま文字として表記できません。そのため、文字実体参照を用いて表記します。

HTMLで使用する主な文字実体参照を以下に示します。

表：主な文字実体参照

文字	文字実体参照
半角スペース	
<	<
>	>
&	&
“	"
¥	¥

解答 C

問題 1-19

重要度 ★★★

HTML ドキュメントで使用している言語に日本語を指定する方法として、正しいものを選びなさい。

A. <html phrase="ja">
B. <html speech="ja">
C. <html word="ja">
D. <html lang="ja">
E. <html term="ja">

解説 html 要素についての問題です。

html 要素は、HTML ドキュメントのルートとなる要素です。html 要素は、文書型宣言やコメントを除いて、HTML ファイルの先頭に記述します。

html 要素に lang グローバル属性を用いて HTML ドキュメントで使用する言語を指定することがあります。そのほかの選択肢の属性は存在しません。

解答 D

問題 1-20

重要度 ★★★

文字コード指定の方法として、最も適切なものを選びなさい。

A. <meta http-equiv="Content-Type" content="text/html; charset=UTF-8">
B. <meta http-equiv="refresh" content="5; url=http://www.fujitsu.com/jp/">
C. <meta name="description" content="UTF-8">
D. <meta name="robots" content="noindex">
E. <meta charset="UTF-8">

解説 meta 要素についての問題です。

meta 要素は Web ページに関する情報を埋め込むための要素です。**meta 要素を用いることで、Web ページの文字コード指定やリダイレクト、検索エンジンに対する設定などができます。**

meta 要素で文字コードを指定する書式を以下に示します。

文字コード指定

```
<!—- HTML 4.01までの指定方法 -->
<meta http-equiv="Content-Type" content="text/html; charset=文字コード">
<!—- HTML5以降の指定方法 -->
<meta charset="文字コード">
```

上記の文字コード指定のうち、http-equiv 属性によるものは HTML Standard では非推奨です。そのため、最も適切な文字コードの指定方法は charset 属性を用いた選択肢 E となります。

なお、選択肢 B はリダイレクトの設定、選択肢 C は Web ページの説明、選択肢 D は検索エンジンに対する設定のため、文字コード指定ではありません。

解答 E

問題 1-21

重要度 ★★☆

& の文字実体参照として、正しいものを選びなさい。

A. <　　B. >
C. &　　D.
E. "

□□□

解説 文字実体参照についての問題です。

& の文字実体参照は、& です。そのほかの文字実体参照については、**1-18** を参照してください。

解答 C

問題 **1-22**

重要度 ★★☆

meta 要素の説明として、誤っているものを選びなさい。

A. name="robots" で検索エンジン（クローラー）に対する設定ができる
B. name="description" でページの説明を記述できる
C. charset 属性で文字コードを指定できる
D. http-equiv="refresh" を指定すると、同一ページのみ読み込める
E. http-equiv="content-security-policy" でセキュリティポリシーを設定できる

解説 meta 要素についての問題です。

meta 要素の http-equiv 属性を refresh に指定すると、設定した時間が経過した後に、指定のページにリダイレクトします。主に、Web サイトが引っ越した際の転送などで用いられます。必ずしも同一ページが読み込まれるわけではないので、D は誤りです。そのほかの選択肢は、meta 要素の説明として正しいものです。

meta 要素には、name 属性でさまざまなメタデータを埋め込むことができます。主な name 属性の値を以下に示します。

表：主な name 属性の値

name 属性名	説明
author	Web ページの製作者名
description	Web ページの概要
keywords	Web ページのコンテンツに関するキーワードをカンマ区切りで指定する
robots	検索エンジンへの動作指定。インデックス作成の可否（index/noindex）やリンクをたどることの可否（follow/nofollow）などを指定可能

解答 D

問題 1-23

重要度 ★☆☆

head要素の子要素として定義できる要素の組み合わせとして、正しいものを選びなさい。

A. title, caption, meta, style, link, a
B. title, meta, style, link
C. caption, meta, style, link
D. caption, meta, style, a
E. title, meta, style, a

解説　head要素の子要素についての問題です。
HTMLでは、子要素として指定できるタグの種類があらかじめ定義されています。
head要素の子要素として定義できる要素を以下に示します。

表：head要素の主な子要素

要素名	説明
base	相対URLの基点となるURLを設定
meta	Webページに関する情報を埋め込む
style	CSSによるスタイルの記述
title	Webページのタイトル設定
link	外部リソース（主にCSSファイル）とのリレーション設定

解答　B

問題 1-24

重要度 ★★★

CSSファイルを読み込む要素として、正しいものを選びなさい。

A. link
B. title
C. style
D. meta
E. base

解説　link要素についての問題です。
link要素は、外部リソースとの関係を示すための要素です。一般的にCSSファイルの読み込みに使用されます。

CSS ファイルを読み込む記述例を以下に示します。

link 要素の記述例

```
<link href="style.css" rel="stylesheet">
```

href 属性には読み込むリソースの URL を指定します。rel 属性は、外部リソースとの関係を表します。読み込むファイルが CSS ファイルの場合は、stylesheet を記述します。

解答 A

問題 1-25

重要度 ★☆☆

以下の画像のように、タブを表示する方法として正しいものを選びなさい。

A. <caption>FLM</caption>
B. <title>FLM</title>
C. <head>FLM</head>
D. <header>FLM</header>
E. <h1>FLM</h1>

解説 title 要素についての問題です。

title 要素は、HTML ドキュメントのタイトルを定義するための要素です。ブラウザのタブ名に反映されます。title 要素は head 要素内に 1 つだけ記述します。ユーザにとってのわかりやすさや検索エンジン対策の観点から、title 要素は必ず記述してください。

解答 B

問題 1-26

重要度 ★☆☆

Data URI スキームの説明として、誤っているものを2つ選びなさい。

A. HTML ドキュメント内でのみ使用できる
B. ブラウザとWebサーバの通信回数を減らすことができる
C. ファイルの種類によっては、サイズが大きくなる
D. 画像データの場合、ハッシュ値化した値を指定する
E. 外部リソースはファイルごとの個別キャッシュは行われない

解説 Data URI スキームについての問題です。

Data URI スキームとは、HTML ドキュメントやCSSに外部リソースを埋め込むための方法です。Data URI スキームを用いることで、外部リソースの数が減り、ブラウザ/Webサーバ間の通信回数を減らすことができます。一方、画像ファイルを埋め込む場合には、**Base64** 化する必要があるため、サイズが大きくなります。なお、Base64化とハッシュ値化は異なります。Base64の詳細については **1-37** を参照してください。

また、リソースが外部ファイルではなくHTML ドキュメントに埋め込まれるため、ファイルごとのキャッシュもされません。そのため、パフォーマンスの向上につながるかはケースバイケースです。

なお、Data URI スキームは、**Data URL スキーム**と呼ばれることが多くなっています。本書ではHTML5認定資格の表記に合わせて、Data URI スキームと表記します。

解答 A, D

問題 1-27

重要度 ★☆☆

空欄に当てはまるキーワードを記述して、Data URI スキームを完成させなさい。

```
[          ]image/png;base64,iVBORw0KGgoAA…
```

解説 Data URI スキームについての問題です。

Data URI スキームの書式を以下に示します。

Data URIスキームの書式

```
data:[メディアタイプ][;base64],データ
```

Data URIスキームには、**data:を接頭辞（プレフィックス）としてつけます。**続いて、外部リソースのメディアタイプを指定します。外部リソースが単純な文字列の場合、メディアタイプを省略して、直接文字列をデータとして付加できます。

外部リソースが画像の場合は、メディアタイプの後にbase64キーワードとBase64化したデータを記述します。

画像をData URIスキームで記述した例を以下に示します。

図：画像ファイル

Data URIスキームの記述例

```
data:image/png;base64,iVBORw0KGgoAA…
```

解答 data:

問題 1-28

重要度 ★☆☆

form要素に設定できる属性として、誤っているものを選びなさい。

A. action
B. method
C. id
D. data-target
E. href

解説 カスタムデータ属性についての問題です。

カスタムデータ属性とは、html要素に独自名の属性を適用できる属性です。主に、CSSやJavaScriptなどからhtml要素にアクセスするために用います。カスタムデー

タ属性は、**data- を接頭辞（プレフィックス）としてつける必要があります。**選択肢 D はカスタムデータ属性の書式と一致しているため、form 要素に設定可能です。

なお、href 属性は a 要素のリンク先などを指定するための属性であり、form 要素には指定できません。また、form 要素については、**3-53** を参照してください。

解答 E

問題 1-29

重要度 ★☆☆

DOM の説明として、正しいものを 3 つ選びなさい。

A. 要素の属性を操作できる
B. イベントを制御できる
C. XML を操作できる
D. 非同期リクエストを制御できる
E. 位置情報を制御できる

解説 DOM（Document Object Model）についての問題です。

DOM とは、HTML ドキュメントと XML ドキュメントを制御するための API（Application Programming Interface）です。**DOM を用いることで、HTML ドキュメントを動的に制御できます。**

DOM には、ブラウザベンダによる独自実装が多くありましたが、現在は WHATWG によって標準化されています。そのため、ブラウザ間での互換性が保たれています。なお、ブラウザ間の互換性がない一部機能に関しては、jQuery などの JavaScript ライブラリを用いて対処することが一般的です（クロスブラウザ対策）。

DOM で制御できる主な操作を以下に示します。

- **要素の追加 / 削除**
- **属性の操作**
- **イベント処理**

選択肢にある非同期リクエストは XMLHttpRequest、位置情報は Geolocation API で制御する項目のため、DOM とは関係ありません。

解答 A, B, C

問題 1-30

重要度 ★☆☆

ペットの種類を識別できる要素を用意したい。カスタムデータ属性を使用し、任意の要素に独自の属性を追加する場合、空欄に当てはまるキーワードを記述して、html 要素を完成させなさい。

html
```
<ul>
  <li ［　　　　］-pet-category="cat">ネコ</li>
</ul>
```

□□□

解説 カスタムデータ属性についての問題です。

カスタムデータ属性とは、html要素に独自名の属性を適用できる属性です。主に、CSSやJavaScriptなどからhtml要素にアクセスするために用います。カスタムデータ属性は、data- を接頭辞（プレフィックス）としてつける必要があります。

解答 data

問題 1-31

重要度 ★☆☆

マイクロデータの説明として、正しいものを選びなさい。

A. 少量のデータをブラウザに保存できる
B. HTML 要素の属性名を独自に定義できる
C. HTML ドキュメントに機械が読めるデータを埋め込むことができる
D. 画像を HTML ドキュメントに埋め込むことができる
E. HTTP での通信において状態管理をできる

□□□

解説 マイクロデータについての説明です。

マイクロデータとは、HTML ドキュメントに機械が識別可能なデータを埋め込むための技術です。

検索エンジンなどの機械が HTML ドキュメント内のコンテンツの意味を把握できるようになるため、検索エンジン対策などに役立ちます。

マイクロデータの記述例と主な属性を以下に示します。

マイクロデータの記述例

```
<div itemscope itemtype="http://schema.org/Person">
  <p itemprop="name">富士通太郎</p>
  <p itemprop="email">foo@flm.co.jp</p>
  <p itemprop="jobTitle">富士通ラーニングメディアの研修講師。</p>
</div>
```

表：マイクロデータの主な属性

属性名	説明
itemscope	マイクロデータを適用する範囲を指定する。通常、itemtypeと併記する
itemtype	マイクロデータの語彙を指定する。語彙を策定している団体として、Schema.orgがある。GoogleやMicrosoftなどの検索エンジンプロバイダは、Schema.orgの語彙に対応している
itemprop	アイテムのプロパティ名
itemid	アイテムを表す一意の値
itemref	itemscope属性の子孫要素ではないプロパティをアイテムと関連付ける

なお、選択肢AはHTTPクッキー、選択肢Bはカスタムデータ属性、選択肢DはData URIスキーム、選択肢Eはセッションの説明のため、誤りです。

解答 C

問題 1-32

重要度 ★★☆

HTTPリクエスト/レスポンスの説明として、誤っているものを選びなさい。

A. 複数リクエストにわたって状態を保持するステートフル通信である
B. ブラウザからリクエストを開始するプル型通信である
C. IDとパスワードを用いた認証ができる
D. HTTPヘッダフィールドでキャッシュを設定できる
E. HTTP/2では、通信速度の向上を期待できる

□□□

解説 セッションについての問題です。セッションの詳細については、**1-33**を参照してください。

HTTP通信は、一連のリクエスト/レスポンスが終了すると、そこで用いた状態を破棄します。このことをステートレスな通信といいます。つまり、状態を保持するステートフル通信ではありません。認証情報などを複数リクエストにわたって使用する場合は、状態管理を行う必要があります。

HTTP通信で使用できる主な状態管理の方法を以下に示します。

表：主な状態管理

名称	説明
HTTP クッキー	ブラウザで少量のデータを保存する
隠しフィールド	Web ページ内に少量のデータを保存する
クエリ文字列（URL パラメータ）	URL にパラメータを保持する
セッション	サーバ側でデータを管理する

解答 A

問題 1-33

重要度 ★★☆

セッションの説明として、誤っているものを2つ選びなさい。

A. セッションとは、クライアント / サーバ間でステートレス通信を行うための仕組みである
B. セッションを使用することで、複数リクエストにわたる認証情報などの状態管理を行える
C. セッション ID と HTTP クッキーの管理方法に問題がある場合、セッション・ハイジャックされるおそれがある
D. セッション ID は、明示的に消去しない限りは保持される
E. Web サーバは、セッション ID とブラウザを関連付けて管理することで、ブラウザ単位で状態管理を行う

解説 セッションについての問題です。

セッションとは、Web サーバがブラウザ単位で状態を保持する仕組みのことです。状態は、複数のリクエスト / レスポンスにわたって保持されます。セッションではセッション ID を使用して状態を管理します。

セッション ID によるセッションの実現を図に示します。

図：セッションの実現

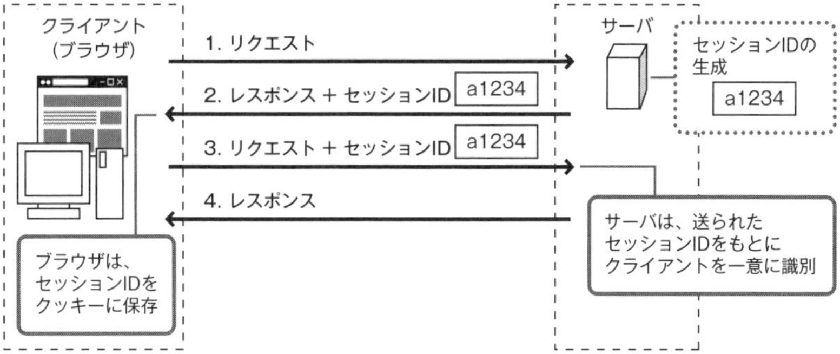

ブラウザは、Web サーバから送られてくるセッション ID を HTTP クッキーに保存します。Web サーバは、クライアントから送られてくるセッション ID をもとにブラウザを一意に識別し、状態管理を行います。セッション ID と HTTP クッキーの管理方法に問題がある場合、セッション ID が不正取得され、セッション・ハイジャックされる可能性があるため、注意が必要です。

ステートレス通信とは、状態を保持しない通信のことであるため、選択肢 A は誤りです。また、セッション ID は、一定時間経過するとサーバ側で破棄され無効になるため、選択肢 D は誤りです。

解答 A, D

問題 1-34

重要度 ★★☆

Ajax の説明として、正しいものを 2 つ選びなさい。

A. リアルタイムの双方向通信を実現するためのプロトコルである
B. ユーザの操作と並行して、サーバとやり取りできる
C. JavaScript の組み込みオブジェクトである XMLHttpRequest を利用する
D. Web ページの読み込みを任意のタイミングで行うことで、サーバと通信する
E. Ajax では、Web ページ全体を取得する

解説 Ajax（Asynchronous JavaScript + XML）についての問題です。

Ajax とは、非同期通信によってサーバとデータのやり取りを行い、動的なページの書き換えなどを行う技術です。従来の通信では Web ページの読み込みに合わ

せて、サーバへの通信を行い、データ取得をしていました。Ajaxを使用すると、ブラウザのバックグラウンドで非同期通信を行うことができ、ブラウザの処理と並行して、サーバとのやり取りを行うことができます。Ajaxは、JavaScriptの組み込みオブジェクトであるXMLHttpRequestを利用して非同期通信を行い、通信結果をJavaScriptで処理してWebページに反映します。

Ajaxではデータのみを取得し、Webページ全体は取得しません。よく扱われるデータ形式としては、JSONやXMLがあります。

なお、選択肢Aのリアルタイムの双方向通信を実現するプロトコルはWebSocketです。

解答 B, C

問題 1-35

重要度 ★☆☆

Ajaxを使用した場合のメリットとして、誤っているものを選びなさい。

A. データ取得に伴う画面遷移が不必要となり、ユーザの待機時間を削減できる
B. ユーザの操作と並行して、Webページの一部を更新できる
C. データのみの通信のため、ネットワークおよびサーバの負荷を軽減できる
D. ユーザの操作に応じた、よりインタラクティブなWebページを作成できる
E. サーバとのやり取りの際にセキュリティを向上できる

解説 Ajaxについての問題です。

従来はサーバとの同期通信のため、サーバへリクエストしてからレスポンスが返るまで待つ必要がありました。**Ajax**を使用すると、非同期通信により、ユーザの操作と並行してサーバに通信を行い、データを取得することができます。このため、ユーザの待機時間の削減や、通信データ量の低減によるネットワークやサーバの負荷軽減を図ることができます。

Ajaxはセキュリティを向上させることが目的の技術ではありません。

解答 E

問題 1-36

重要度 ★☆☆

MVCアーキテクチャの説明として、誤っているものを選びなさい。

A. MVCは設計パターンの一種で、プログラムを3種類の部品に分割して設計する
B. Modelは業務処理や業務データを担当する
C. Viewは画面表示を担当する
D. Controllerはデータベースへのアクセスを担当する
E. MVCを使用することで、プログラムの再利用性やメンテナンス性が向上する可能性がある

□□□

解説 MVCについての問題です。

MVCとは、設計パターンの一種で、プログラムをModel、View、Controllerの3種類の部品に分割して設計する手法です。Modelは業務処理や業務データを担当し、Viewは画面表示を担当し、ControllerはModelとViewへの操作の振り分けを担当します。MVCを使用することで、それぞれの機能が明確に分離され、プログラムの再利用性やメンテナンス性の向上が望めます。

解答 D

問題 1-37

重要度 ★☆☆

Base64の説明として、誤っているものを選びなさい。

A. バイナリデータをテキストデータにエンコードする方式の1つである
B. Basic認証では、Base64が使用されている
C. Data URIスキームで、画像データなどをHTMLやCSSに埋め込む場合、Base64が使用されている
D. 電子メールで、バイナリ形式の添付ファイルを送信する際に、Base64が使用されている
E. エンコードによってファイルサイズが小さくなるため、ファイルの転送に向いている

□□□

解説 Base64についての問題です。

Base64とは、バイナリデータをテキストデータにエンコードする方式の1つで

す。使用することができる文字列に制限がある電子メールの添付や、Basic 認証などで使用されています。また、Data URI スキームで、画像データなどを HTML や CSS に直接埋め込む場合、Base64 でエンコードします。ただし、Base64 でエンコードするとファイルサイズが元データの約 4/3 倍となります。このため、サイズの大きなファイルの転送には不向きです。

解答 E

問題 1-38

重要度 ★★☆

Web で扱うことができる画像ファイルフォーマットとして、正しいものを 3 つ選びなさい。

A. PNG
B. EPS
C. JPEG
D. SVG
E. TIFF

□□□

解説 画像ファイルフォーマットについての問題です。

Web で扱うことができる画像ファイルフォーマットは、PNG、JPEG、GIF、SVG です。なお、選択肢 B の EPS は Adobe Illustrator などのドローイングツールで使用される画像ファイルフォーマット、選択肢 E の TIFF は印刷用の画像で一般的に使用される画像ファイルフォーマットです。

解答 A, C, D

問題 1-39

重要度 ★☆☆

GIF の説明として、正しいものを 2 つ選びなさい。

A. 非可逆圧縮で圧縮率が高いが画像が劣化する
B. 256 色以下を表現できる
C. アニメーションを表現できる
D. 透過できない
E. Windows 標準である

□□□

解説 GIF についての問題です。

GIF は、256 色以下を扱える可逆圧縮の画像ファイルフォーマットです。アニメーションを表現できます。画像ファイルフォーマットの詳細については **1-40** を参照してください。

解答 B, C

問題 1-40

重要度 ★☆☆

画像ファイルフォーマットを使い分けるときの考慮点として、正しいものを3つ選びなさい。

A. 多少の画像劣化が問題にならない場合、非可逆圧縮でフルカラーに対応した PNG が適切である
B. 256 色以下で表現できる画像の場合、ファイルサイズの小さい GIF が適切である
C. アニメーション機能を使用する場合、PNG を使用できる
D. BMP は、一般的に圧縮せずにファイルを生成するため、ファイルサイズが大きく、Web サイトでは使用されない
E. 回線が低速な環境で画像を表示する場合、インタレースに対応した GIF や PNG が適切である

□□□

解説 画像ファイルフォーマットについての問題です。

Web サイトではさまざまな画像が使用されますが、画像の特性に応じて保存するファイルフォーマットを選択する必要があります。

以下に主な画像ファイルフォーマットの種類を示します。

表：主な画像ファイルフォーマットの種類

名称	圧縮方式	透過	説明
BMP	一般的に圧縮しない	×	Windows 標準の画像フォーマット。圧縮されないため、画像劣化はほとんどないが、ファイルサイズが大きくなりやすく、Web サイトでの使用は不適切
GIF	可逆圧縮	○	256 色までしか表現できないが、ファイルサイズを小さくできるため、色数の少ないロゴやイラストなどでよく使われる。アニメーション機能を扱うことができる
PNG	可逆圧縮	◎ （半透明も可）	GIF の代替として開発された W3C が推奨する画像フォーマット。GIF よりも圧縮率がよく、圧縮後の劣化がないため、Web サイトで広く利用されている。アニメーション機能は扱えない
JPEG	非可逆圧縮	×	1670 万色のフルカラーに対応。圧縮率が高く、ファイルサイズを小さくすることが可能だが、解凍後の画質は元の画像よりも劣化する

なお、選択肢Eの**インタレース**とは、画像の表示方法の1つです。ページが表示された当初は、解像度の低い画像（モザイク状の画像）を表示し、データを受信するに従って高解像度の画像を表示します。低速の回線や大きなサイズの画像でも、早くから画像の全体像を確認できます。インタレースは、GIFとPNGで使用できます。

解答 B, D, E

問題 1-41

重要度 ★★☆

画像ファイルフォーマットの1つであるSVGの特徴として、誤っているものを2つ選びなさい。

A. XMLで記述される
B. 画像をピクセルに分割して表現するビットマップ画像である
C. 拡大・縮小しても画像が劣化しない
D. 写真など多彩な色を使用する表現に適している
E. CSSやJavaScriptによって制御できる

解説 SVGについての問題です。

SVGは、ベクター画像を扱うファイルフォーマットの1つです。ビットマップ画像が画像をピクセルに分割して表現するのに対し、ベクター画像は計算式によって画像を表現します。そのため、**画像を拡大・縮小しても、画質が劣化しません。**PC画面でもスマートフォン画面でも同質の画像を表示できるため、レスポンシブデザインと相性のよい画像ファイルフォーマットといえます。

一方、写真などの複雑で多彩な色を使用する画像は計算式が複雑になり、ファイルサイズが大きくなるため、不向きとされています。そのため、図形やアイコン、ロゴなどの表現に適しています。

SVGは、XMLベースで定義します。特別なソフトがなくても、テキストエディタがあれば編集可能であることも特徴です。SVGの詳細については、**5-5**を参照してください。

解答 B, D

問題 1-42

重要度 ★★☆

Webサイトへの不正や攻撃手法とその脅威の組み合わせとして、正しいものを選びなさい。

① SQLインジェクション
② クロスサイト・リクエスト・フォージェリ（CSRF）
③ クロスサイト・スクリプティング（XSS）

い　攻撃者によって不正なスクリプトがWebページに埋め込まれてほかのユーザのブラウザ上で実行されてしまい、偽のWebページが表示されるおそれがある
ろ　攻撃者によってユーザが罠のサイトに誘導され、インターネットバンキングの送金処理などの重要な処理をユーザが意図せずに実行させられてしまうおそれがある
は　攻撃者によって悪意あるSQLが実行され、データベース内の情報の漏えい・改ざん・消去が発生するおそれがある

A. ①-い　②-ろ　③-は
B. ①-い　②-は　③-ろ
C. ①-ろ　②-は　③-い
D. ①-は　②-い　③-ろ
E. ①-は　②-ろ　③-い

解説　Webセキュリティについての問題です。

近年、Webサイトへの攻撃は増加の一途をたどっており、Webセキュリティへの関心も高まっています。主なWebサイトへの不正な攻撃手法を以下に示します。

表：主なWebサイトへの不正な攻撃手法

名称	説明	脅威
SQLインジェクション	攻撃者がリクエストのパラメータに不正な文字列を与え、その文字列をもとにサーバ側でSQL文を組み立てさせ、実行させることによりデータベースを不正に操作する攻撃	データベースが不正利用され、データベース内の情報の漏えい・改ざん・消去が発生するおそれがある
クロスサイト・スクリプティング(XSS)	罠ページあるいはメールにより、利用者にスクリプトを含むハイパーリンクをクリックさせ、脆弱性のあるWebページに悪意のあるスクリプトを送信する攻撃	偽のWebページが表示され、さまざまな混乱や悪用を招くほか、HTTPクッキーに保存されている重要な情報が漏えいするおそれがある

名称	説明	脅威
クロスサイト・リクエスト・フォージェリ（CSRF）	特定の機能を実行するときのHTTPリクエスト（URLや必要な値）を攻撃者が推測可能な場合に、攻撃者がユーザを誘導し、ユーザの意図に反して機能を実行させる攻撃	インターネットバンキングの送金処理やパスワード変更など重要な処理を、ユーザが意図せずに実行させられてしまうおそれがある
ディレクトリ・トラバーサル	相対パスやURLなどを利用して、管理者やユーザが想定しているのものとは異なるディレクトリのファイルを指定し、不正にファイルアクセスをする攻撃	Webサーバに保存されている非公開のファイルにアクセスされ、秘密情報が漏えいしたり、ファイルが改ざん、削除されたりするおそれがある
HTTPヘッダ・インジェクション	攻撃者がリクエストのパラメータに改行コードを含む不正な文字列を与え、レスポンスヘッダを生成させることで、Webサイトに不正な動作を実行させる攻撃	攻撃者によって、不正なHTTPクッキーがセットされ、なりすまし攻撃されたり、罠サイトにリダイレクトされたりするおそれがある。また、不正なスクリプトを実行され、クロスサイト・スクリプティングと同様の被害を受けるおそれがある

解答 E

問題 1-43

重要度 ★☆☆

クロスサイト・スクリプティング（XSS）の対策として、誤っているものを選びなさい。

- A. クライアント側およびサーバ側で、入力値のチェックを行う
- B. Webページに出力するすべての要素に対して、特殊文字にエスケープ処理を施す
- C. HTTPレスポンスヘッダのRefererフィールドに文字コードを指定する
- D. HTTPクッキーにHttpOnly属性を設定する
- E. script要素の内容を動的に生成しない

解説 Webセキュリティについての問題です。

Webサイトへの不正な攻撃手法の中でも、**クロスサイト・スクリプティング（XSS）**は特に被害数が多く、また派生する脅威の影響も大きいため、十分な対策を施す必要があります。

XSSの根本的な対策としては、特殊文字（&、<、>、"、'）にエスケープ処理を施して文字実体参照に変換することや、script要素の内容を動的に生成しないことがあげられます。また、HTTPレスポンスヘッダのContent-Typeフィールドに文字コードを指定します。これらを怠った場合、外部からの入力をもとに表示するWebページがある場合、悪意あるスクリプトが埋め込まれてしまう可能性があり

ます。

XSSの保険的な対策としては、HTTPクッキーにHttpOnly属性を設定することがあげられます。HttpOnly属性を設定すると、HTTPクッキーはHTTP（HTTPS）通信でのみアクセスできるようになり、JavaScriptなどのクライアント側のスクリプト言語からHTTPクッキーへのアクセスを禁止できます。

なお、選択肢CのHTTPレスポンスヘッダのRefererフィールドとは、リンクされている元のリソースのURLを指します。

解答 C

問題 1-44

重要度 ★★★

W3CとWHATWGが共同で仕様策定を行っている技術として、正しいものを2つ選びなさい。

A. DOM　　**B.** HTML
C. CSS　　**D.** JavaScript
E. HTTP

□□□

解説 Web技術の標準化についての問題です。

W3C（World Wide Web Consortium）はWebの生みの親であるティム・バーナーズ＝リーが設立したWeb関連技術の標準化団体です。DOMやHTML、CSSなどを標準化しています。HTML関連の標準化団体として、WHATWG（Web Hypertext Application Technology Working Group）もあります。WHATWGは、2004年にApple、Mozilla、Operaに所属するHTMLに関心のあるメンバによって設立された団体です。W3Cの仕様はHTML 4.01やHTML5など、複数のバージョンがリリースされていますが、WHATWGの仕様はLiving Standardのみです。つまり、同一バージョンが常に変化していく仕様です。W3CとWHATWGは、長らく別々に仕様策定を進めてきました。しかし、2019年以降、HTMLとDOMの仕様を統一し、共同で開発することを発表しました。そして、2021年にはHTMLの名称をHTML Standardに、バージョンをLiving Standardに改めました。

なお、HTTPの標準化を行っている団体はIETF（The Internet Engineering Task Force）であり、JavaScriptの標準化を行っている団体はEcma Internationalです。そして、CSSの標準化は引き続きW3Cが行っています。

解答 A, B

問題 1-45

重要度 ★☆☆

ベンダプレフィックスの説明として正しいものを選びなさい。

A. W3C の標準として定められている
B. HTML のみで用いる
C. ブラウザベンダが試験的機能などを提供する際に用いる
D. OS ごとに異なるベンダプレフィックスを用いる
E. JavaScript にはベンダサフィックスを用いる

解説　ベンダプレフィックスについての問題です。

ベンダプレフィックスは、ブラウザベンダが CSS や JavaScript の試験的な機能を実装する際に用いるプレフィックスです。一部の新しい機能は、ベンダプレフィックスを付加しないと動作しないことがあります。この制約が却って Web ページの互換性に悪影響を与えることが増えたため、近年の試験的な機能開発において、ベンダプレフィックスを用いることは少なくなってきました。その代わりに、ブラウザのオプション機能で試験的な機能の有効 / 無効を切り替える手法が広くとられるようになってきています。なお、選択肢 E のベンダサフィックスは存在しないため誤りです。

主なベンダプレフィックスと Chrome でのオプション画面を以下に示します。

表：主なベンダプレフィックス

プレフィックス	ブラウザ
-webkit-	Google Chrome Opera Firefox（一部） Safari
-moz-	Firefox
-ms-	Microsoft Edge
-o-	（古い）Opera

図：Chromeのオプション画面

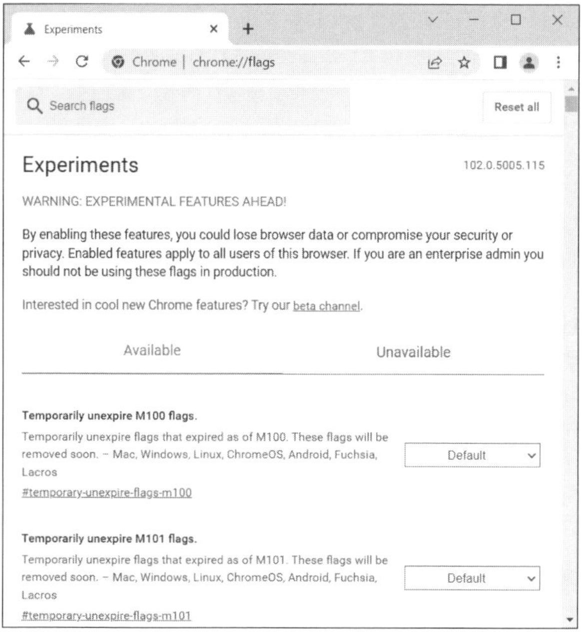

解答 C

問題 1-46

重要度 ★★★

SSL/TLSの説明として、誤っているものを選びなさい。

A. 共通鍵暗号方式を用いている
B. 公開鍵暗号方式を用いている
C. 証明書を用いる
D. ディレクトリ・トラバーサル対策になる
E. 盗聴対策になる

解説 SSL/TLSについての問題です。

SSL/TLSは、セキュリティを担保した通信を行うためのプロトコルです。HTTPSによる通信で使用されており、第三者による盗聴対策になります。SSL(Secure Sockets Layer)はNetscape Communications社が開発したもので、TLS（Transport Layer Security）はSSLを元にIETF（The Internet Engineering

Task Force）が標準化したものです。SSLの後継がTLSとなりますが、一般的な名称としてSSL、またはSSL/TLSが普及しています。

SSL/TLSを用いるには、認証局（CA）から発行される**証明書**が必要になります。証明書によって、Webサイトを公開している運営元が実在していることを、第三者（認証局）が証明します。

SSL/TLSにおける暗号化/復号には、**共通鍵暗号方式**と**公開鍵暗号方式**を組み合わせたハイブリッド方式が使用されています。

共通鍵暗号方式とは、サーバ側とクライアント（ブラウザ）側が共通の鍵を用いる方式です。共通鍵暗号方式では、鍵を安全に送受信することが課題となります。そこで、SSL/TLSでは鍵の受け渡しに公開鍵暗号方式を用います。

公開鍵暗号方式は、暗号化/復号で異なる鍵を用いる方式です。暗号化のための鍵を**公開鍵**、復号のための鍵を**秘密鍵**と呼びます。SSL/TLS通信においては、クライアント（ブラウザ）側で公開鍵を使って共通鍵を暗号化して送信します。サーバ側では秘密鍵を使って共通鍵を取り出します。これにより、安全な通信を実現します。

SSL/TLSによる通信のイメージ図を以下に示します。

図：SSL/TLSによる通信

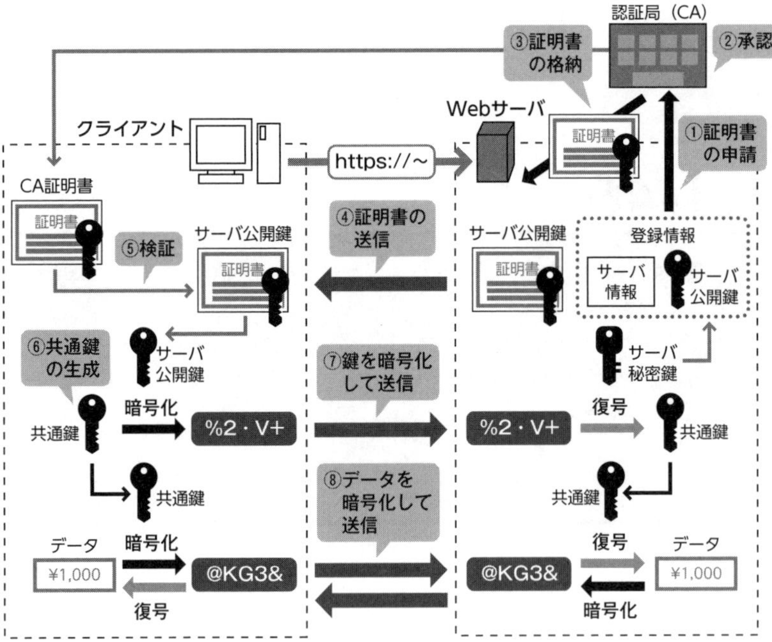

なお、ディレクトリ・トラバーサルは、相対パスやURLなどを利用して、管理者やユーザが想定しているのものとは異なるディレクトリのファイルを指定し、不正にファイルアクセスをする攻撃です。ディレクトリ・トラバーサルの対策には、ユーザが送信したパラメータとして、相対パスなどを受け付けないようにする必要があります。しかし、SSL/TLSにそのような機能はありません。

解答 D

問題 1-47

重要度 ★★★

HTTP/2の特徴として、誤っているものを選びなさい。

A. 1つのTCPコネクション内で通信が行われる
B. HTTP/1.1と互換性がある
C. HTTPヘッダを圧縮する
D. サーバプッシュが可能である
E. QUICプロトコルを用いる

□□□

解説 HTTP/2についての問題です。

HTTP/2は2015年に承認された仕様です。HTTP/1.1と比較して、通信の高速化や効率化が図られています。HTTP/2とHTTP/1.1は互換性があります。HTTP/2の主な特徴は以下のとおりです。

1. 通信が1つのTCPコネクション内で行われる

HTTP/1.1では、ラウンドトリップ（HTTPリクエストとHTTPレスポンス）ごとにクライアントとサーバ間のTCPコネクションを行っています。また、TCPコネクションを最大6重のパイプラインにすることで高速化を図っていました。一方、HTTP/2は1つのTCPコネクション内で、複数のラウンドトリップをまとめて扱います。ラウンドトリップはストリームと呼ばれ、IDで管理されます。ラウンドトリップを多重化させることで、通信速度の向上を図っています。

図：HTTP/2の通信

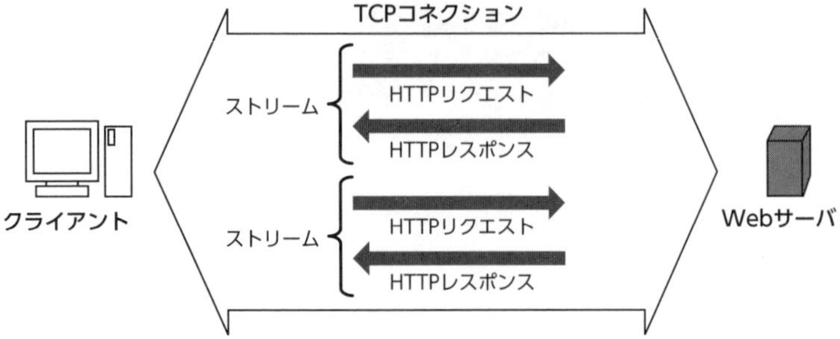

2. HTTPヘッダの圧縮

HTTP/1.1ではHTTPリクエストのたびにHTTPヘッダ情報を送信していました。毎回大量のHTTPヘッダが送受信されており、非効率な通信になっていました。HTTP/2では**HTTPヘッダをHPACKで圧縮**して、通信効率を向上させています。

3. サーバプッシュ

サーバプッシュとは、HTTPリクエストがない場合でも、サーバ側からHTTPレスポンスを送信できる仕組みです。後々必要となるコンテンツなどをサーバ側から前もって送信することで、クライアントの待機時間の短縮などを図ることができます。

なお、QUICは2022年に策定されたHTTP/3で採用されているプロトコルです。HTTP/3では従来のTCP/TLSの代わりに、QUICという新しいプロトコルが用いられています。そのため、HTTP/2とは関係ありません。

解答 E

問題 1-48

重要度 ★☆☆

HTTP/2を使用する際に必要となる条件として、正しいものを2つ選びなさい。

A. HTTP/2対応のブラウザを用いる
B. HTTP/2対応のWebサーバを用いる
C. HTTP/2対応のWebアプリケーションを用いる
D. HTTP/2対応のルータを用いる
E. HTTP/2対応のLANケーブルを用いる

解説 HTTP/2についての問題です。

HTTP/2は対応したブラウザおよびWebサーバ間で使用できます。Webサーバのみ HTTP/2 に対応しており、ブラウザが対応していない場合は HTTP/1.1 で通信します。一方、Webアプリケーションはどちらのバージョンであっても変更は必要ありません。また、ルータやLANケーブルといったネットワーク機器もバージョンに依存しません。

解答 A, B

問題 1-49

重要度 ★☆☆

HTTP/1.1 の説明として、誤っているものを選びなさい。

A. パイプライン機能で複数のHTTPリクエストとHTTPレスポンスを並行処理できる
B. HTTPメソッドとして、OPTIONSとTRACEが定義されている
C. 暗号化されていない平文で通信を行う
D. HTTPヘッダをHPACKで圧縮して通信効率を向上させる
E. Hostヘッダでホスト名とポートを送受信できる

□□□

解説 HTTP/1.1についての問題です。

HTTP/1.1では、パイプライン機能でTCPコネクションを最大6重にすることで、通信の高速化を図っています。通信は平文で行われます。暗号化が必要であれば、HTTPS通信を採用します。また、HTTPメソッドとしてOPTIONSとTRACEが、HTTPヘッダとしてHostが追加されました。

なお、HPACKによるヘッダ圧縮はHTTP/2の特徴であるため、誤りです。

解答 D

問題 1-50

重要度 ★★★

User-Agent ヘッダの説明として、正しいものを選びなさい。

A. Web サーバのホスト名とポート番号を表す
B. クライアントが受け入れ可能なコンテンツの種類を表す
C. 前ページの URL を表す
D. プロキシにキャッシュする秒数を表す
E. リクエストをしたブラウザを表す

□□□

解説 User-Agent ヘッダについての問題です。

User-Agent ヘッダは HTTP リクエストをしたクライアントの情報を含むヘッダです。ブラウザの種類によって異なりますが、ブラウザベンダ名、ブラウザの種類やバージョン、OS の情報などを含みます。そのため、選択肢 E が正しい説明です。User-Agent ヘッダの例を以下に示します。

Windows 10 上の Firefox の User-Agent ヘッダの値例

```
User-Agent: Mozilla/5.0 (Windows NT 10.0; Win64; x64; rv:101.0)
Gecko/20100101 Firefox/101.0
```

なお、選択肢 A は Host ヘッダ、選択肢 B は Accept ヘッダ、選択肢 C は Referer ヘッダ、選択肢 D は Age ヘッダの説明です。

解答 E

2章

CSS

本章のポイント

▶スタイルシートの基本
HTMLにおいてスタイルシートを指定する方法や、セレクタの指定方法など、スタイルシートを使用する上での基本を確認します。

重要キーワード
<link>タグ、@import、<style>タグ、style属性、セレクタ、タイプセレクタ、クラスセレクタ、IDセレクタ、ユニバーサルセレクタ、属性セレクタ、シンプルセレクタ(疑似クラス)、疑似要素、結合子、グループ化

▶CSSデザイン
コンテンツのレイアウトや、色、背景、罫線、テキスト、リスト、テーブル、コンテンツの変形、アニメーションなどに関するスタイルの指定方法を確認します。

重要キーワード
ボックス、マルチカラムレイアウト、flex、z-index、clip、色指定、背景指定、罫線、フォント、テキスト、テキスト装飾、リスト、テーブル、変形、移動、拡大、縮小、回転、トランジション、アニメーション

▶カスケード(優先順位)
スタイルシートの適用における優先順位について理解を深めます。

重要キーワード
カスケード、外部スタイルシート、内部スタイルシート、インラインスタイルシート、!important

問題 **2-1**

重要度 ★★★

Webサイト全体のスタイルをCSSファイルにまとめて定義し、HTMLで読み込む場合の記述として、空欄に当てはまるキーワードを記述しなさい。

実行例

```
<link rel="          " type="text/css" href="CSS/style.css">
```

解説 外部スタイルシートについての問題です。

Webサイト全体のスタイルをCSSファイルにまとめて定義する方法は、**外部スタイルシート**と呼ばれます。外部のCSSファイルを読み込む場合、link要素に読み込むファイルや、ファイルとの関係を指定します。

記述例を以下に示します。

link要素の記述例

```
<link rel="stylesheet" type="text/css" href="CSS/style.css">
```

rel属性には、リンクするファイルとの関係を指定します。CSSファイルを読み込む場合には **"stylesheet"** を指定します。

type属性には、CSSファイルのMIMEタイプ("text/css")を指定します。なお、**type属性の既定値はtext/cssのため、省略できます**。

href属性には、CSSファイルのパスを指定します。

複数のHTMLファイルから同じCSSファイルを読み込むことができるため、スタイルをCSSファイルにまとめて定義することで、Webサイト全体のスタイルを一括設定・管理できます。

解答 stylesheet

問題 2-2

重要度 ★★☆

HTML 内に Web ページ全体のスタイルを定義する場合の記述として、正しいものを 2 つ選びなさい。

A. `<link type="text/css"> h1 { color: red; } </link>`
B. `<link> h1 { color: red; } </link>`
C. `<style type="text/css"> h1 { color: red; } </style>`
D. `<style> h1 { color: red; } </style>`
E. `<p style="color: red"></p>`

解説 内部スタイルシートについての問題です。

Web ページ全体のスタイルをまとめて定義する方法は、**内部スタイルシート**と呼ばれます。Web ページ全体のスタイルを定義する場合、style 要素のコンテンツにスタイルを記述します。style 要素は一般的に head 要素に記述します。

style 要素の記述例を以下に示します。

style 要素の記述例

```
<style type="text/css"> h1 { color: red; } </style>
```

type 属性には、CSS ファイルの MIME タイプ ("text/css") を指定します。なお、**type 属性の既定値は text/css のため、省略できます。**

style 要素によってスタイルを指定した場合、style 要素を記述した 1 つの Web ページ内で適用されます。

なお、選択肢 E は HTML の特定の要素にスタイルを指定する方法（インラインスタイルシート。**2-3** を参照）です。

解答 C, D

問題 2-3

重要度 ★★☆

特定の要素にスタイルを指定するインラインスタイルシートの説明として、正しいものを2つ選びなさい。

A. スタイルを指定する要素に style 属性として記述する
B. 同一ページ内の複数の要素に対して、一括してスタイルを指定できる
C. 1つの要素に対して、複数のスタイルを指定できる
D. 内部スタイルシートとスタイルが重複（競合）して指定された場合、内部スタイルシートのスタイルが優先される
E. 外部スタイルシートとスタイルが重複（競合）して指定された場合、外部スタイルシートのスタイルが優先される

解説

インラインスタイルシートについての問題です。

特定の要素にスタイルを指定する場合、スタイルを指定する要素に style 属性として記述します。

インラインスタイルシートの記述例を以下に示します。

インラインスタイルシートの記述例

```
<h2 style="color: red; text-decoration: underline">重要なお知らせ</
h2>
```

1つの要素に複数のスタイルを指定する場合には、「プロパティ：値」の間をセミコロン（;）で区切ります。なお、インラインスタイルシートでは、複数の要素に同じスタイルを適用させる場合でも、一つ一つの要素に指定する必要があります。一括してスタイルを適用することはできません。複数の要素に一括してスタイルを指定するのは、外部スタイルシートまたは、内部スタイルシートのほうが適しています。

スタイルが重複（競合）して指定された場合、設定方法に応じた優先順位に従ってスタイルが反映されます。優先順位については **2-65** を参照してください。

文書構造とスタイルを分離させるという点では、インラインスタイルシートや内部スタイルシートを使用せず、外部スタイルシートを参照する方法が理想です。

解答 A, C

問題 2-4

重要度 ★☆☆

スタイルシートにおいて、別の CSS ファイルを読み込む場合の記述として、空欄に当てはまるキーワードを記述しなさい。

実行例

```
@[      ] url("CSS/style.css");
```

□□□

解説 @import 規則についての問題です。

別の CSS ファイルを読み込む場合、**@import 規則**を使用します。

@import 規則の書式を以下に示します。

@import 規則の書式

```
@import url("CSSファイルのurl");
@import url("CSSファイルのurl") メディアタイプ;
```

@import は CSS ファイル内だけでなく、style 要素にも記述できます。

また、url の後ろにメディアタイプを記述すると、特定のファイルの場合のみスタイルシートを読み込むことができます。メディアタイプについては **4-12** を参照してください。

解答 import

問題 2-5

重要度 ★★★

以下の Web ページにおいて、「新入社員向け研修の申込を開始しました」の文字色が赤になるようなスタイルの指定方法として、誤っているものを 1 つ選びなさい。

実行例

```
<h2>NEWS</h2>
<ul>
  <li class="specialnews">新入社員向け研修の申込を開始しました</li>
  <li>無償セミナーの日程を追加しました</li>
</ul>
```

A. .specialnews { color: red; }
B. #specialnews { color: red; }
C. li { color: red; }
D. ul { color: red; }
E. * { color: red; }

解説　セレクタについての問題です。

セレクタとは、スタイルを適用する対象のことです。セレクタに要素名を使用すると、その要素にはすべて同じスタイルが適用されます。

たとえば、以下のように li 要素で定義したリストの項目の色をすべて赤にする場合、セレクタに「li」を指定し、デザイン設定を行います。その結果、すべての <li> と </li> に囲まれた部分の色は赤になります。

タイプセレクタの記述例

```
li { color: red; }
```

このように、ある要素（エレメント）に対して共通のスタイルを適用する**セレクタ**をタイプセレクタと呼びます。要素名に「*」（アスタリスク）を指定すると、すべての要素に対して同じスタイルが適用されます。これを**ユニバーサルセレクタ**と呼びます。

タイプセレクタより細かい設定をするには、**クラスセレクタ**や **ID セレクタ**を指定してスタイルの適用対象を制限したり、特定の属性を持つ要素だけにスタイルを適用したりします。

クラスセレクタとは、class 属性名を指定してスタイルを適用する方法です。class 属性は要素の分類名に当たる HTML の属性であり、同一の class 属性を複数の要素で共有できます。

クラスセレクタは、事前にスタイルを指定しておき、後から class 属性によりスタイルを適用する場合に使用します。たとえば、文字色を赤に設定するスタイルをクラスセレクタにより指定し、適用したい要素の class 属性を追記し、スタイルを適用します。

クラスセレクタの記述例：クラスセレクタの指定

```
.specialnews { color: red; }
```

クラスセレクタの記述例：class 属性によるクラス名の定義

```
<li class="specialnews">新入社員向け研修の申込を開始しました</li>
```

ID セレクタとは、id 属性を指定してスタイルを適用する方法です。id 属性は要素の固有名詞に当たる HTML の属性であり、同一の id 属性を複数の要素で共有できません。

そのため、クラスセレクタとは異なり、ID セレクタは 1 つの要素のみで使用します（ブラウザによっては、複数の要素に同一の id 属性を指定して ID セレクタを使用してもスタイルを設定できますが、正しい使用方法ではありません）。

ID セレクタの記述例：ID セレクタの指定

```
#content { width: 900px; }
```

ID セレクタの記述例：id 属性による id 名の定義

```
<div id="content">
  ……
</div>
```

表：主なセレクタの種類

種類	適用範囲	書式
タイプセレクタ	要素	要素名 { プロパティ ：値 ; }
クラスセレクタ	任意の範囲	. クラス名 { プロパティ ：値 ; } 要素名 . クラス名 { プロパティ ：値 ; }
ID セレクタ	任意の範囲（1 回のみ）	# ID 名 { プロパティ ：値 ; }
属性セレクタ	指定した属性名、または属性値を持つ要素	（**2-6** を参照）
疑似クラス 疑似要素	セレクタで指定された要素の状態に応じた条件指定	セレクタ ：疑似クラス { プロパティ ：値 ; }
ユニバーサルセレクタ	すべて	* { プロパティ ：値 ; }

※ 属性セレクタについては **2-6**、疑似クラスについては **2-7**、疑似要素については **2-9** を参照してください。

選択肢 B は ID セレクタを指定していますが、対象となる div 要素に id 属性が指定されていないため、スタイルは適用されません。

選択肢 D は li 要素の親要素である ul 要素に対してスタイルが指定されており、li 要素はこれを引き継ぎます。CSS の仕組みについては **2-64** を参照してください。

解答 B

問題 2-6

重要度 ★★☆

以下のスタイルが適用される要素として正しいものを3つ選びなさい。

実行例

```
a[href *= "flm"]{
  background-color: lightblue;
}
```

A. <a href="flm.html">富士通ラーニングメディア</a>
B. <a href="http://www.flm.com/">富士通ラーニングメディア</a>
C. <a href="http://www.knowledgewing.com/flm">富士通ラーニングメディア</a>
D. <a href="http://www.knowledgewing.com/">富士通ラーニングメディア</a>
E. <p class="flm">富士通ラーニングメディア</p>

解説 属性セレクタについての問題です。

属性セレクタとは、指定した属性名、または属性値を持つ要素に対してスタイルを指定する方法です。

たとえば、「http://」で開始するURLに対してスタイルを指定すると、外部へのリンクにのみ、特定のスタイルを適用できます。また、「.jpg」で終了するファイルに対してスタイルを指定すると、JPEG形式の画像ファイルにのみ、特定のスタイルを適用できます。

主な属性セレクタの種類を以下に示します。

表：主な属性セレクタの種類

書式	説明
[属性名]	指定した属性名を持つ要素
[属性名 = "属性値"]	指定した属性名および属性値を持つ要素（完全一致）
[属性名 ~= "属性値"]	指定した属性名および属性値を持つ要素（複数の属性値のうちいずれか1つが一致）
[属性名 |= "属性値"]	指定した属性名および属性値を持つ要素（ハイフン「-」区切りの属性値のうちいずれか1つが一致）
[属性名 ^= "属性値"]	指定した属性名を持ち、属性値が指定した属性値で開始する要素（前方一致）
[属性名 $= "属性値"]	指定した属性名を持ち、属性値が指定した属性値で終了する要素（後方一致）
[属性名 *= "属性値"]	指定した属性名を持ち、属性値が指定した属性値を含む要素（部分一致）

本問では、a 要素の href 属性に「flm」が含まれる要素にスタイルを指定しています。

選択肢 A、B、C はいずれも a 要素の href 属性に「flm」が含まれているので、スタイルが適用されます。

解答 A, B, C

問題 2-7

重要度 ★★☆

リンクにマウスカーソルを合わせたときにスタイルを適用する場合の記述として、正しいものを選びなさい。

```
A. a:link { background: #e0ffff; }
B. a:visited { background: #e0ffff; }
C. a:hover { background: #e0ffff; }
D. a:active { background: #e0ffff; }
E. a:focus { background: #e0ffff; }
```

解説 疑似クラス（シンプルセレクタ）についての問題です。

疑似クラスは、要素の状態やタイミングに対してスタイルを適用し、セレクタと組み合わせて記述します。

疑似クラスの書式を以下に示します。

疑似クラスの書式

```
セレクタ :疑似クラス名 { プロパティ : 値; }
```

疑似クラスを利用することで、マウスカーソルの移動といったユーザの操作に応じてスタイルを設定できます。

主な疑似クラスを以下に示します。

表：主な疑似クラスの種類

疑似クラス	対象
:link	未訪問のリンク
:visited	すでに訪問したリンク
:hover	マウスカーソルを合わせたとき
:active	マウスでクリックされている間などアクティブなとき
:focus	入力部品がフォーカスされているとき（入力状態のとき）
:nth-child(n)	指定された要素が含まれる子要素のうち、**先頭から n 番目**の子要素 ( ) には n（整数）のほか odd（奇数）、even（偶数）、+（加算）、-（減算）を指定可能

疑似クラス	対象
:nth-last-child(n)	指定された要素が含まれる子要素のうち、**末尾から n 番目**の子要素 ( ) には n（整数）のほか odd（奇数）、even（偶数）、+（加算）、-（減算）を指定可能
:nth-of-type(n)	指定された要素が含まれる子要素のうち、**同じ種類の子要素の中で、先頭から n 番目の要素** ( ) には n（整数）のほか odd（奇数）、even（偶数）、+（加算）、-（減算）を指定可能
:nth-last-of-type(n)	指定された要素が含まれる子要素のうち、**同じ種類の子要素の中で、末尾から n 番目の要素** ( ) には n（整数）のほか odd（奇数）、even（偶数）、+（加算）、-（減算）を指定可能
:first-child	指定された要素が含まれる子要素のうち、**先頭**の子要素
:last-child	指定された要素が含まれる子要素のうち、**末尾**の子要素
:first-of-type	指定された要素が含まれる子要素のうち、**同じ種類の子要素の中で、先頭の要素**
:last-of-type	指定された要素が含まれる子要素のうち、**同じ種類の子要素の中で、末尾の要素**
:only-child	指定された要素が含まれる子要素のうち、**唯一の要素**
:only-of-type	指定された要素が含まれる子要素のうち、**唯一の種類の要素**
:empty	子要素もコンテンツも持たない要素
:target	URL がフラグメント（**1-10** を参照）を含む場合、その id が指定された要素
:lang(言語)	言語が一致する要素
:enabled	無効化されていない要素
:disabled	無効化された要素
:checked	チェックボックスやラジオボタンにおいて選択された要素
:not(セレクタ)	( ) 内のセレクタ以外の要素

本問の「マウスカーソルを合わせたとき」は、「:hover」を使用します。

解答 C

問題 2-8

重要度 ★★★

以下の Web ページにおいて、「新入社員向け研修の申込を開始しました」に対してスタイルを適用するセレクタとして正しいものを 2 つ選びなさい。

実行例

```
<div>
  <h4>NEWS</h4>
  <p>新入社員向け研修の申込を開始しました</p>
  <p>無償セミナーの日程を追加しました</p>
</div>
```

A. `p:first-child { color: red; }`
B. `p:nth-child(2) { color: red; }`
C. `p:nth-of-type(2) { color: red; }`
D. `p:first-of-type { color: red; }`
E. `p:last-of-type { color: red; }`

解説　疑似クラスの中の、「-child」と「-of-type」の動作の違いについての問題です。

「-child」がつく疑似クラスには「:nth-child(n)」などが、「-of-type」がつく擬似クラスには「:nth-of-type(n)」などがあります。「:nth-child(n)」は、指定された要素が含まれる子要素のうち、**別の種類の要素も含めて**先頭から n 番目の子要素が対象となります。一方、「:nth-of-type(n)」は、指定された要素が含まれる子要素のうち、同じ種類の子要素の中で、先頭から n 番目の子要素が対象となります。「-child」と「-of-type」には、対象の要素をカウントする際に、**別の種類の要素を含むか含まないかの違い**があります。

選択肢 A, B は h4 要素も含めてカウントしますが、選択肢 A は先頭の子要素が p ではないため、誤りです。

選択肢 C, D, E は p 要素だけをカウントしますが、選択肢 C は先頭から 2 番目の p 要素を、選択肢 E は末尾の p 要素を対象とするため誤りです。

解答　B, D

問題 2-9

重要度 ★☆☆

以下のセレクタで指定した要素に対し、CSS で先頭に「★」をつけて表示する場合の記述として、空欄に当てはまるキーワードを記述しなさい。

実行例

```
.price ::[      ] {
  content: "★";
}
```

□□□

解説 疑似要素についての問題です。

疑似要素は、疑似クラスと同様に、要素の状態やタイミングに対してスタイルを適用します。書式も疑似クラスと同様ですが、疑似クラスと区別するために、疑似要素の先頭にコロン「:」を２つつける点に注意してください（コロン１つでも動作します）。

以下に書式を示します。

疑似要素の書式

```
セレクタ ::疑似要素名 { プロパティ : 値; }
```

疑似要素を使用すると、要素の一部分だけに対し、スタイルを適用することもできます。

主な疑似要素を以下に示します。

表：主な疑似要素

疑似要素	対象
::after	指定された要素の末尾にコンテンツを追加
::before	指定された要素の先頭にコンテンツを追加
::first-letter	指定された要素の先頭文字
::first-line	指定された要素の先頭行

本問では、要素の先頭に「★」を追加するので、空欄に記述するキーワードは「before」です。

参考 **content**

contentは要素の直前や直後に文字列や画像などを挿入するときに使用するCSSプロパティです。「::after」または「::before」疑似要素を対象に使用します。なお、contentプロパティは試験の出題範囲外の内容です。

解答 before

問題 2-10

重要度 ★★★

セレクタとして誤っているものを2つ選びなさい。

A. div > p { … }
B. div < p { … }
C. div + p { … }
D. div , p { … }
E. div - p { … }

解説 結合子についての問題です。
結合子は、複数のセレクタを組み合わせる場合に使用します。
結合子の種類を以下に示します。

表：結合子の種類

種類	書式	対象
子セレクタ	A > B	直接の子要素（孫要素を含まない）
隣接セレクタ	A + B	隣接する兄弟要素
間接セレクタ	A ~ B	後続するすべての兄弟要素

カンマ（,）で区切ることを**グループ化**と呼びます。グループ化すると、複数の要素に同じ設定を行えます。そのため、グループ化は共通する設定をまとめて行うときに便利です。

なお、結合子に「-」は存在しません。

グループ化の記述例

```
div, section, article { margin: 0; }
```

子孫セレクタ

複数のセレクタをスペース区切りで指定することで、指定された子孫要素についてスタイルを指定することができます。

指定例を以下に示します。

子孫セレクタの指定例

```
p span { color: red; }
```

上記の指定例では、p要素を祖先に持つspan要素に対してスタイルを適用します。

解答 B, E

問題 2-11

重要度 ★☆☆

CSSの説明として、誤っているものを選びなさい。

A. HTMLやXML、SVGなどに適用できる
B. 要素の見栄えを設定する
C. 文書構造を定義する
D. Cascading Style Sheetsの略語である
E. W3Cの標準仕様である

□□□

解説　CSSについての問題です。

CSS（Cascading Style Sheets）とは、HTMLやXML、SVGなどの要素の見栄えを設定する言語です。W3Cによって仕様が策定、公開されています。

W3Cでは、仕様策定のスピードを上げるために、CSS2.1以降の仕様を複数に分割して個別に策定を進めています（たとえば、CSS Backgrounds and Borders Module Level 3など）。そのため、正式にはCSS3という仕様はありません。しかし、一般的には新仕様のことを一括してCSS3と呼んでいます。

なお、文書構造を定義するにはHTMLを使用します。

解答　C

問題 2-12

重要度 ★☆☆

HTML要素の特定の部分のみを可視化するCSSプロパティとして正しいものを選びなさい。

A. `z-index`
B. `display`
C. `visibility`
D. `transform`
E. `clip`

□□□

解説　clipプロパティについての問題です。

clipプロパティとは、HTML要素の特定の部分のみを可視化するCSSプロパティです。clipプロパティでは、可視化する位置をrectで指定します。rectは4つの値で位置を指定します。1つ目の値は要素の上辺の位置を指定します。2つ目以降は順に、右辺の位置、下辺の位置、左辺の位置になります。上辺および下辺は元画像の上辺からの位置、右辺および左辺は、元画像の左辺からの位置を指定します。

なお、clip プロパティは、「position: absolute;」か「position: fixed;」が設定されている要素に指定する必要があります。

clip プロパティの書式と記述例を以下に示します。

clip プロパティの書式

```
clip: rect(上, 右, 下, 左);
```

記述例

```
img {
  position: absolute;
  clip: rect(10px, 250px, 250px, 0px);
}
```

図：実行結果の例

元画像(300 × 560)

clipプロパティで切り抜いた画像

なお、clip プロパティは CSS Masking Module Level 1 仕様で**非推奨**となっています。一部をくり抜いた要素を新規に作成する場合は、**clip-path プロパティの使用を検討**してください。

選択肢 A の z-index プロパティについては **2-17** を、display プロパティについては **2-50** を、visibility プロパティについては **2-13** を、transform プロパティについては **2-25** を参照してください。

解答 E

問題 2-13

重要度 ★☆☆

opacity プロパティで HTML 要素の不透明度を設定する場合の説明として正しいものを 2 つ選びなさい。

A. opacity プロパティで完全に透過された要素が占めていたスペースは詰められる
B. opacity プロパティで完全に透過された要素が占めていたスペースは確保される
C. opacity プロパティで要素を完全に不透明にするためには値を visible に設定する
D. opacity プロパティで要素を完全に透過にするためには値を 0 に設定する
E. opacity プロパティで要素を完全に透過するためには値を none に設定する

解説 opacity プロパティについての問題です。

opacity プロパティでは HTML 要素の透明度を設定できます。opacity プロパティで HTML 要素を透過する場合は、値を 0 とします。また、opacity プロパティで HTML 要素を透過した場合、その HTML 要素が占めていたスペースは確保されたままになります。opacity プロパティの値の例を以下に示します。

・opacity:0; ・・・HTML 要素が完全に透過される
・opacity:0.5; ・・・HTML 要素が 50% 透過される
・opacity:1; ・・・HTML 要素が完全に不透明となる

また、HTML 要素の表示・非表示を設定するプロパティとしては visibility プロパティ、display プロパティがあります。visibility プロパティでは値を hidden、display プロパティでは値を none と設定すると、HTML 要素が非表示になります。visibility プロパティで非表示にした場合、HTML 要素が占めていたスペースは確保されたままとなりますが、display プロパティではスペースが詰められます。

解答 B, D

問題 2-14

重要度 ★☆☆

list-style プロパティで一括設定できるプロパティとして、正しいものを3つ選びなさい。

A. `list-style-type`
B. `list-style-image`
C. `list-style-position`
D. `counter-increment`
E. `counter-reset`

解説 list-style プロパティについての問題です。

list-style プロパティは、list-style-type プロパティと list-style-image プロパティ、list-style-position プロパティをまとめて設定できるショートハンドプロパティです。

list-style プロパティでまとめて指定できるプロパティの概要と記述例を以下に示します。

表：list-style プロパティでまとめて指定できるプロパティとその概要

プロパティ名	概要	記述例
list-style-type	li 要素の見栄えを設定する	list-style-type: disc;
list-style-image	li 要素で使用する画像を設定する	list-style-image: url(`star.png`);
list-style-position	li 要素の位置を設定する	list-style-position: outside;
list-style	上記 3 つのショートハンドプロパティ	list-style: disc url(`star.png`);

参考　ショートハンドプロパティ

ショートハンドプロパティとは、似たような設定を行うプロパティをグループ化して、1つのプロパティで定義できる短縮プロパティです。CSSには多くのショートハンドプロパティが定義されており、リスト設定をグループ化したlistプロパティや、背景設定をグループ化したbackgroundプロパティなどがあります。

ショートハンドプロパティを使用することで、CSSの記述量を減らし、読みやすくできます。

解答 A, B, C

問題 2-15

重要度 ★☆☆

リストの表記をⅠ、Ⅱ、Ⅲのようにする場合、list-style-type プロパティに設定する値として正しいものを選びなさい。

A. `disc`
B. `decimal`
C. `upper-roman`
D. `upper-latin`
E. `lower-greek`

解説

list-style-type プロパティについての問題です。
list-style-type プロパティは、li 要素の見栄えを変更します。
list-style-type プロパティに設定できる主な値を以下に示します。

表：list-style-type プロパティの主な値

値	説明
disc	塗りつぶされた円形
circle	塗りつぶされていない円形
decimal	1 から始まる数字
upper-roman	大文字のローマ字（Ⅰ、Ⅱ、Ⅲ…）
upper-latin	大文字のアルファベット（A、B、C…）
lower-greek	小文字のギリシャ語（α、β、γ…）
hiragana	平仮名の辞書順の文字（あ、い、う…）

list-style-type プロパティを設定した実行イメージを以下に示します。

図：実行イメージ

- • disc
- ◦ circle
- 3. decimal
- IV. upper-roman
- E. upper-latin
- ζ. lower-greek
- き、hiragana

解答 C

問題 2-16

重要度 ★☆☆

h3 要素で作成した見出しに 1 章、2 章、3 章のような連番を振る場合に使用するプロパティを 3 つ選びなさい。

A. list-style-image
B. list-style-type
C. counter-reset
D. counter-increment
E. content

解説

CSS カウンタについての問題です。

CSS カウンタを使用すると、独自のカウンタを作成できます。CSS カウンタには、counter-reset プロパティと counter-increment プロパティ、content プロパティを使用します。

カウンタを作成するには、最初に counter-reset プロパティでカウンタをリセットします。一度リセットしたカウンタは、counter-increment プロパティを使用してカウントアップ、またはカウントダウンできます。また、content プロパティの値として counter 関数でカウンタの値を出力します。なお、content プロパティは、「::before」疑似要素、または「::after」疑似要素内で用いる必要があります。

CSS カウンタの使用例と実行イメージを以下に示します。

CSS カウンタを使用するための HTML の記述例

```
<body>
  <h3>Webの基礎知識</h3>
  <h3>CSS</h3>
  <h3>要素</h3>
  <h3>レスポンシブWebデザイン</h3>
  <h3>APIの基礎知識</h3>
</body>
```

CSS カウンタを使用するための CSS の記述例

```
body {
  counter-reset: section;
}
h3::before {
  counter-increment: section;
  content: counter(section) "章 ";
}
```

図：実行イメージ

1章 Webの基礎知識

2章 CSS

3章 要素

4章 レスポンシブ**Web**デザイン

5章 APIの基礎知識

解答 C, D, E

問題 2-17

重要度 ★★☆

以下の HTML のうち、cat1 の画像を cat2 の画像の上に重ねて表示する場合、空欄に当てはまるキーワードを記述しなさい。なお、2 つの空欄には同じキーワードが入る。

HTML

```
<div>
  <img id="cat1" src="cat1.jpg" alt="cat1">
  <img id="cat2" src="cat2.jpg" alt="cat2">
</div>
```

CSS

```
#cat1 {
  position: absolute;
  left: 50px;
  top: 250px;
  [        ] : 2;
}
#cat2 {
  position: absolute;
  left: 0px;
  top: 0px;
  [        ] : 1;
}
```

解説 z-index プロパティについての問題です。

z-index プロパティは、要素の重なり順を設定するプロパティです。z-index プロパティの値が大きい要素が上に表示されます。

図：z-index プロパティを利用した実行例

解答 z-index

問題 2-18

重要度 ★★☆

Web フォントの説明として、正しいものを3つ選びなさい。

A. @font-face 規則でフォントファイルを指定する
B. 複数のフォントフォーマットがある
C. クライアントマシンにインストールされているフォントを使用する
D. @font-face 規則で読み込んだフォントを font-family プロパティで指定する
E. 英語のみ対応している

解説 Web フォントについての説明です。

Web フォントとは、Web サーバ上のフォントデータを取得して、ブラウザ上で文字を表示するフォントのことです。従来の文字表示は、ブラウザを実行しているクライアントマシン上のフォントを取得して表示しています。そのため、クライアントマシンに指定したフォントがインストールされていないと、意図したフォントを表示できない可能性があります。

一方、Webフォントを用いる場合は、**クライアントマシン環境の影響を受けずに同一のフォントで文字を表示できます。**Webフォントは、さまざまなベンダや団体が公開しています。その中には、英語だけではなく日本語のフォントもあります。

Webフォントは、@font-face規則で指定します(**2-19**を参照)。指定できるデータフォーマットとして、TrueTypeやWOFFなどがあります。

Webフォントの設定例を以下に示します。

Webフォントの設定例

```
@font-face {
  font-family: "myfont";
  src: url("https://fontflie.location/foo/font.woff");
}

body {
  font-family: "myfont";
}
```

なお、font-familyプロパティについては、**2-38**を参照してください。

解答 A, B, D

問題 2-19

重要度 ★★☆

Webフォントを指定するキーワードとして、正しいものを選びなさい。

A. @import
B. @keyframes
C. @media
D. @font-face
E. @supports

解説

@-規則についての問題です。

@-規則は、@から始まる規則のことをいい、複数の規則がサポートされています。**Webフォントを指定する@-規則は、@font-faceです。**

選択肢Eの@supportsはブラウザがCSSプロパティをサポートしているかどうかを判定する規則です。なお、@supportsは試験の出題範囲外の内容です。

参考までに、@supportsで「display: flex」をサポートしていない場合に、floatプロパティを用いて代用する記述例を以下に示します。

@supports 規則の記述例

```
@supports not (display: flex) {
  div {
    float: right;
  }
}
```

なお、選択肢 A は CSS ファイルのインポート、選択肢 B はアニメーションのキーフレーム指定、選択肢 C はメディアクエリの指定で用いる規則です。

解答 D

問題 2-20

重要度 ★☆☆

可変ボックスにおいて、主軸に沿って、flex アイテムの配置を設定するプロパティとして、正しいものを選びなさい。

A. flex-direction
B. justify-content
C. align-items
D. flex-grow
E. flex-basis

解説

可変ボックスについての問題です。

可変ボックスとは、さまざまなディスプレイサイズに適応するためのレイアウトモードの１つです。ディスプレイサイズなどに応じて、要素の大きさやマージンなどを最適化できます。そのため、従来のボックスモデルよりも柔軟なレイアウトを実現できます。

可変ボックスによるレイアウトのイメージを以下に示します。

図：行方向の可変ボックスレイアウトのイメージ

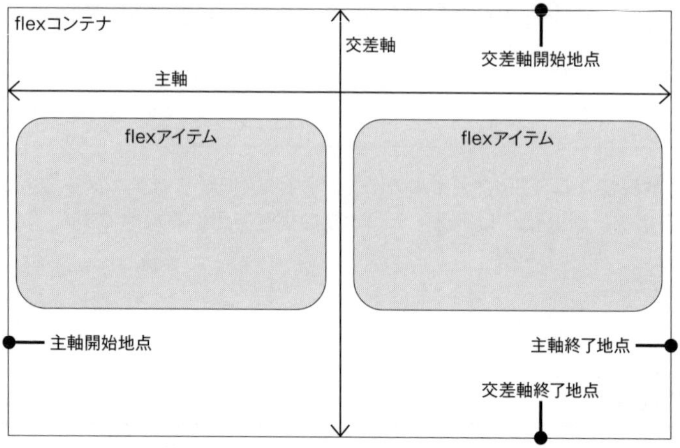

flex コンテナは flex アイテムの入れ物です。display プロパティを flex、または inline-flex に指定した要素が flex コンテナとなります。

flex アイテムは、flex コンテナの子要素です。

軸は水平軸である主軸と、垂直軸である交差軸の 2 つで構成されています。flex アイテムは、軸の設定によって配置場所やマージンが決まります。

軸に関連する主なプロパティを以下に示します。

表：軸と flex アイテムに関連する主なプロパティ

プロパティ	説明	記述例
flex-direction	主軸の方向を設定する	flex-direction: row; flex-direction: row-reverse; flex-direction: column; flex-direction: column-reverse;
justify-content	主軸に沿って、flex アイテムの配置場所を設定する	justify-content: flex-start; justify-content: flex-end; justify-content: center;
align-items	交差軸に沿って、flex アイテムの配置場所を設定する	align-items: flex-start; align-items: flex-end; align-items: center;
order	flex アイテムのレイアウトを設定する	order: 2;
flex-grow	flex アイテムが flex コンテナ内でどの程度スペースを取るか設定する	flex-grow: 2;
flex-shrink	flex アイテムの大きさが flex コンテナの大きさを超える場合、flex-shrink の値に応じて flex アイテムの大きさが縮小される	flex-shrink: 2;
flex-basis	flex アイテムのサイズを設定する	flex-basis: 300px;
flex	flex-grow と、flex-shrink、flex-basis の順で値を設定できるショートハンドプロパティ	flex: 0 0 300px;

可変レイアウトボックスを使用した記述例と表示イメージを以下に示します。

可変レイアウトボックスを使用するための HTML の記述例

```
<div class="container">
  <div class="item">A</div>
  <div class="item">B</div>
  <div class="item">C</div>
</div>
```

要素を傾斜して表示させる CSS の記述例

```
.container {
  display: flex;
  flex-direction: row;
  justify-content: center;
  align-items: center;
  width: 800px;
  height: 500px;
  border: 3px solid skyblue;
  border-radius: 8px;
}
.container > .item {
  flex: 0 0 200px;
  border: 1px solid blue;
  border-radius: 4px;
  box-shadow: 3px 3px gray;
  height: 200px;
  font-size: 3em;
  margin: 10px;
}
```

図：可変レイアウトボックスを使用した表示例

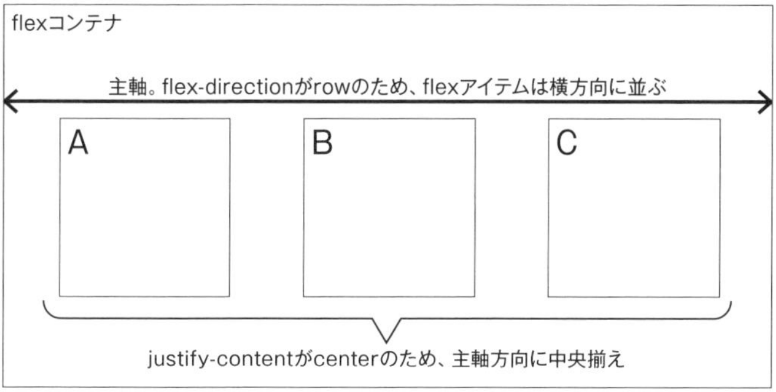

解答 B

問題 2-21

重要度 ★☆☆

可変ボックスの説明として、誤っているものを選びなさい。

A. 水平方向に要素を並べることができる
B. 垂直方向に要素を並べることができる
C. HTML の記述順にとらわれずに要素を並べ替えることができる
D. 要素の大きさを変更できる
E. 要素の形を変形できる

□□□

解説 可変ボックスについての問題です。

可変ボックスは、flex コンテナ内の flex アイテムを flex-direction プロパティで水平にも垂直にも並べることができます。flex アイテムの並び順は order プロパティで指定できるため、HTML の記述にとらわれずに柔軟に並び順を変更できます。また、flex-grow プロパティや flex-shrink プロパティを設定することで、flex コンテナ内の flex アイテムのサイズを変更できます。

可変ボックスレイアウト単独で要素の形を変形することはできません。そのため、選択肢 E は誤りです。なお、transform プロパティと組み合わせれば、変形できます。

解答 E

問題 2-22

重要度 ★★★

color プロパティに設定する値として、誤っているものを選びなさい。

A. `aqua`
B. `#00FFFF`
C. `rgba(0, 255, 255, 1)`
D. `hsl(180, 100%, 50%)`
E. `0, 255, 255`

□□□

解説 color プロパティについての問題です。

color プロパティで、テキストなどの前景色を設定できます。color プロパティの値は、色名や 16 進数のカラーコード（短縮表記もあり）、rgba（rgb）関数、hsl（hsla）関数のいずれかで指定できます。

color プロパティを設定する書式を以下に示します。

図：color プロパティの書式

書式	説明
`color: カラー名;`	カラー名に「red」「green」「blue」といったキーワードを指定
`color: #rrggbb;`	RGBカラーを2桁ごとに16進数で指定 （#rgbのような１桁の短縮表記も可能）
`color: rgb(r, g, b);`	RGBカラーを10進数数で指定
`color: rgba(r, g, b, αチャネル);`	RGBカラーに加え、αチャネルを指定
`color: hsl(色相, 彩度, 輝度);`	色相は角度で、彩度と輝度は%で指定
`color: hsla(色相, 彩度, 輝度, αチャネル);`	色相と彩度、輝度に加え、 αチャネルを指定

なお、仕様上は rgba 関数と rgb 関数、および hsl 関数と hsla 関数は同じパラメータを受け取れます。つまり、いずれの関数を使用してもαチャネルを指定できます。

また、rgb 関数の値を直接カンマ区切りで指定する方法はないため、選択肢 E は誤りです。

解答 E

問題 2-23

重要度 ★☆☆

以下の CSS プロパティのうち、適用された HTML 要素が透過になるものを 2 つ選びなさい。

A. `color: rgba(0, 255, 0, 0);`
B. `text-decoration: line-through;`
C. `transform: skewX(0deg);`
D. `opacity: 0;`
E. `clear: both;`

□□□

解説

透過度についての問題です。

opacity プロパティは、透過度を設定するプロパティです（**2-13** を参照）。値を 0 に指定すると、完全に透過になります。

rgba 関数の 4 つ目の値はαチャネルの指定です。**αチャネルは**、ピクセルの色表現の補助データです。CSS では透過度に当たります。0 に設定すると、完全に透過になります。

なお、選択肢 B の text-decoration プロパティは文字装飾、選択肢 C の

transformプロパティは要素の変形、選択肢Eのclearプロパティは回り込みの解除をするプロパティのため、いずれも誤りです。

解答 A, D

問題 2-24

重要度 ★☆☆

以下のCSSプロパティを適用したHTML要素の色として、正しいものを選びなさい。

実行例

```
color: #008000;
```

A. 黒　B. 白
C. 赤　D. 青
E. 緑

解説 カラーコードについての問題です。

カラーコードは色を16進法で表現する記述方法です。通常は6桁で指定します。それぞれの数値は2桁ごとにr（red：赤）、g（green：緑）、b（blue：青）を16進法（0、1、……、8、9、A、……、E、Fの値）で表しています。

本問は、rとbの値は「00」で無色ですが、gの値のみ「80」となっているため、このCSSプロパティが適用された要素は緑色になります。なお、選択肢のカラーコードはそれぞれ「#000000」（黒）、「#FFFFFF」（白）、「#FF0000」（赤）、「#0000FF」（青）となります。

解答 E

問題 2-25

重要度 ★★★

transformプロパティを用いて要素を傾斜させる値として、正しいものを選びなさい。

A. `translate`　B. `scale`
C. `rotate`　D. `skewX`
E. `translateX`

解説 transform プロパティについての問題です。

transform プロパティを用いると、要素を移動、回転、拡大 / 縮小、傾斜できます。transform プロパティに設定できる主な値を以下に示します。

表：transform プロパティの主な設定値

設定値	説明
translate(X 軸 [, Y 軸])	要素を移動する。translateX や translateY も存在する
rotate(角度)	要素を回転する。rotateX や rotateY も存在する
scale(数値)	要素を拡大 / 縮小する。scaleX や scaleY も存在する
skewX、skewY(角度)	要素を傾斜する。もともと skew という設定値が存在したが、仕様策定から外れたため、skewX や skewY の使用が推奨されている

transform プロパティを用いて要素を傾斜させる CSS の記述例と、要素が傾斜したイメージを以下に示します。

要素を傾斜して表示させる CSS の記述例

```
img {
  transform: skewX(20deg);
}
```

図：傾斜したイメージ図

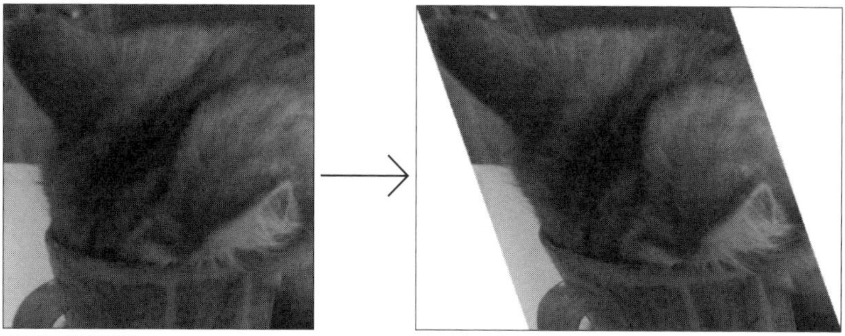

元画像（傾斜前）　　CSS適用後の画像

解答 D

問題 2-26

重要度 ★☆☆

以下の Web ページをブラウザで表示した際の見栄えとして、正しいものを選びなさい。なお、そのほかの要素や CSS の影響などはないものとする。

Web ページ

```
<html>
<head>
  <style>
    #cat2 {
      margin: 0px;
      padding: 0px;
      transform-origin: right bottom;
      transform: rotate(90deg);
    }
  </style>
</head>
<body>
  <div>
    <img id="cat1" src="cat.jpg" alt="ramu" width="400px"
height="400px">
    <img id="cat2" src="cat.jpg" alt="ramu" width="400px"
height="400px">
  </div>
</body>
</html>
```

A. cat1 から 400px 右横に 90 度回転して cat2 が表示される
B. cat1 の右横に 90 度回転した cat2 が余白を空けずに表示される
C. cat1 の下に 90 度回転して cat2 が表示される
D. cat1 から 400px 下に 90 度回転して cat2 が表示される
E. cat1 に cat2 が重なって表示される

解説

transform-origin プロパティと transform プロパティについての問題です。

transform-origin プロパティは、transform プロパティの原点を指定します。たとえば、transform プロパティの値を rotate にした場合、原点を中心として要素が回転します。

transform-origin プロパティは、キーワード（left/right/center/top/bottom）やピクセル数、パーセンテージなどで原点の位置を指定します。本問であれば、「transform-origin: right bottom;」が指定されているため、要素の右下隅が原点となります。さらに「transform: rotate(90deg);」も適用されているので、右下隅から 90 度回転します。

原点から回転した際のイメージを以下に示します。

図：原点からの回転イメージ

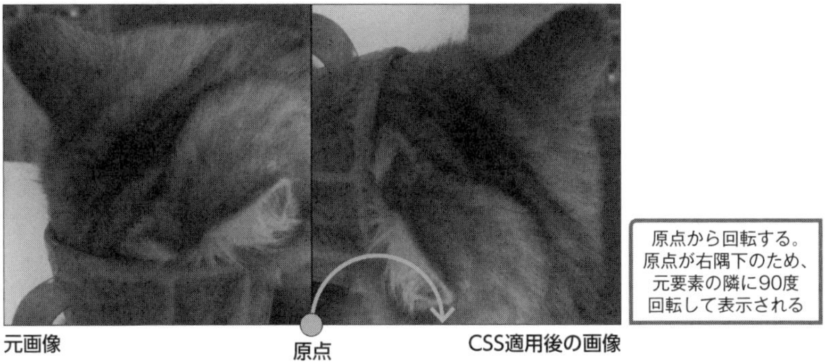
原点から回転する。
原点が右隅下のため、
元要素の隣に90度
回転して表示される
元画像
原点
CSS適用後の画像

問題文の Web ページを表示した際のイメージを以下に示します。

図：問題文 Web ページの実行イメージ

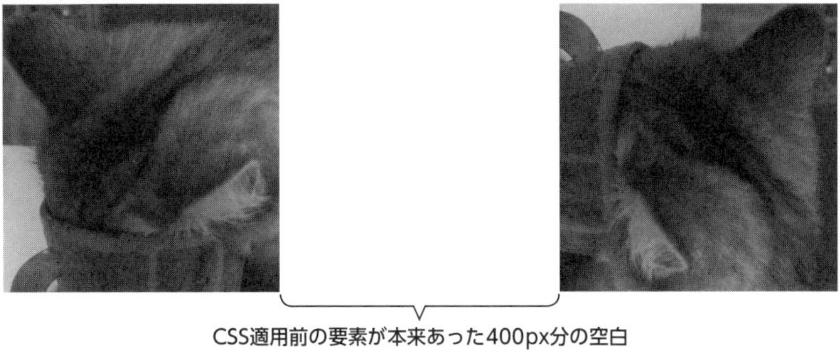
CSS適用前の要素が本来あった400px分の空白

解答 A

問題 2-27

重要度 ★★☆

テーブルの列幅を固定にするプロパティとして、正しいものを選びなさい。

A. `empty-cells`　　B. `border-collapse`
C. `border-spacing`　　D. `caption-side`
E. `table-layout`

解説 テーブル関連のプロパティについての問題です。
主なテーブル関連のプロパティを以下に示します。

表：主なテーブル関連のプロパティ

プロパティ	説明
border-collapse	隣り合うセルの枠線をつなげるか切り離すかを設定する
border-spacing	隣り合うセルの枠線の距離を設定する
caption-side	キャプションの位置（上下）を設定する
empty-cells	空セルの表示方法（表示 / 非表示）を設定する
table-layout	テーブルの列幅（自動 / 固定）を設定する

テーブルレイアウトを固定するには、「table-layout: fixed;」を設定します。

解答 E

問題 2-28

重要度 ★☆☆

caption-side プロパティを使用してキャプションを表示できる位置として、正しいものを 2 つ選びなさい。

A. 左　B. 右
C. 上　D. 下
E. 非表示

解説 caption-side プロパティについての問題です。

caption-side プロパティは、キャプションの表示位置を指定するプロパティです。キャプションを上下いずれかの位置に表示できます。左右への表示はできません。

ただし、writing-mode プロパティを使用し表を縦書きで表示する場合は、キャプションが左右に表示されます。write-mode プロパティとは、HTML 要素の縦書き・横書き表示を指定するプロパティです。以下に write-mode プロパティの主な値について示します。

表：write-mode プロパティの主な値

値	特徴
horizontal-tb	要素を横書きにする
vertical-rl	要素を縦書き表示にする。テキストは右から左に流れる。 caption-side プロパティの値が top の場合、キャプションが右に表示される。 caption-side プロパティの値が bottom の場合、キャプションが左に表示される

値	特徴
vertical-lr	要素を縦書き表示にする。テキストは左から右に流れる。 caption-side プロパティの値が top の場合、キャプションが左に表示される。 caption-side プロパティの値が bottom の場合、キャプションが右に表示される

次に、テーブル要素を縦書き表示にし、キャプションを右に表示する場合のCSS の記述例と実行例を示します。

caption-side プロパティと write-mode プロパティを使用する CSS の記述例

```
.table1 {
    caption-side: top;
    writing-mode: vertical-rl;
}
```

図：実行結果の例

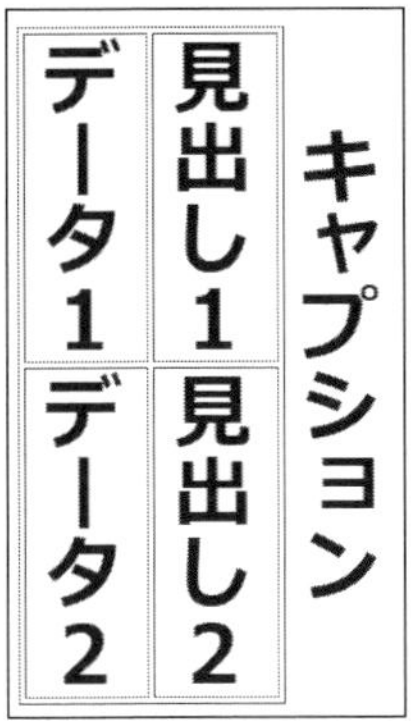

解答 C, D

問題 2-29

重要度 ★★★

transition プロパティの説明として、正しいものを選びなさい。

A. 要素の移動や変形、傾斜などができる
B. キーフレームを用いたアニメーションを設定できる
C. CSS プロパティの変化速度を制御できる
D. 画面を遷移できる
E. HTML 要素のレイアウトを変更できる

解説 transition プロパティについての問題です。

transition プロパティは、CSS プロパティの変化速度を制御することで、アニメーションのような効果を出せます。transition プロパティは変化速度を制御するだけなので、**対象となる CSS プロパティが変化しないと transition プロパティは効果を発揮しません。** CSS プロパティの変化は「:hover」などの疑似クラスでも、JavaScript による変更でも制御できます。

選択肢 A は transform プロパティ、選択肢 B は animation プロパティの説明です。選択肢 D の画面遷移を行うには、meta 要素の http-equiv 属性で refresh を指定します（**1-22** を参照）。選択肢 E のレイアウト変更を行うには、display プロパティや columns プロパティを使用します。

解答 C

問題 2-30

重要度 ★★★

以下の color プロパティにトランジションを適用する際に用いるプロパティとして、正しいものを 2 つ選びなさい。

実行例

```
a:hover {
  color: blue;
}
```

A. `transition`
B. `transition-duration`
C. `transition-property`
D. `transition-timing-function`
E. `transition-delay`

解説 transition プロパティについての問題です。
transition プロパティとは、トランジションのショートハンドプロパティです。主なトランジション関連のプロパティを以下に示します。

表：主なトランジション関連プロパティ

プロパティ	説明
transition	トランジションのショートハンドプロパティ
transition-duration	変化にかかる時間を秒（s）、またはミリ秒（ms）で指定する
transition-property	トランジションを適用するプロパティ名を指定する
transition-timing-function	変化のタイミングを3次ベジェ曲線で指定する。「ease-in」、「ease-out」などのキーワードで指定もできる
transition-delay	変化が開始するまでの時間を秒（s）、またはミリ秒（ms）で指定する

上記のとおり、トランジションを適用する際に用いるプロパティは transition プロパティと transition-property プロパティになります。
両プロパティを使用して、color プロパティの変化を 3 秒かけて行うようにする例を以下に示します。

transition プロパティの記述例

```
a {
  transition: color 3s;
}
```

transition-property プロパティの記述例

```
a {
  transition-property: color;
  transition-duration: 3s
}
```

なお、transition-timing-function プロパティや transition-duration プロパティ、transition-delay プロパティなどを指定しただけでは、color プロパティの変化速度を制御できません。

解答 A, C

問題 2-31

重要度 ★★★

アニメーションを定義するキーワードとして、正しいものを選びなさい。

A. animation
B. @keyframes
C. animation-name
D. animation-fill-mode
E. animation-direction

解説 @keyframes規則についての問題です。

@keyframes規則は、アニメーションのキーフレーム（通過点）を定義するための規則です。@keyframes規則では、キーフレーム名とアニメーションで変更するCSSプロパティの指定を行います。

@keyframes規則で左から右にフェイドアウトするアニメーションの記述例を、以下に示します。

@keyframes規則の記述例

```
@keyframes fadeout {
  from {
    margin-left: 0%;
    opacity: 1;
  }
  to {
    margin-left: 100%;
    opacity: 0;
  }
}
```

fromとtoの中間のキーフレームを、パーセントを使用して指定することもできます。なお、fromキーワードは0%に、toキーワードは100%に置き換えることもできます。そのほかの選択肢については、**2-32**を参照してください。

解答 B

問題 2-32

重要度 ★★★

以下の CSS を設定した場合の動作の説明として、誤っているものを選びなさい。

CSS

```
@keyframes fadeout {
  from {
    margin-left: 0%;
    opacity: 1;
  }
  to {
    margin-left: 100%;
    opacity: 0;
  }
}

img {
  animation-name: fadeout;
  animation-duration: 3s;
  animation-fill-mode: forwards;
  animation-iteration-count: 2;
  animation-delay: 1s;
}
```

HTML

```
<img src="cat.jpg" alt="cat">
```

A. 1 秒経過してからアニメーションが開始する
B. 3 秒間かけてアニメーションが実行される
C. アニメーション終了後、img 要素は元の位置に戻る
D. img 要素は右側に移動し、透過になる
E. アニメーションが 2 回繰り返される

解説 animation プロパティについての問題です。

animation プロパティは、@keyframes 規則で定義したアニメーションを要素に適用するためのプロパティです。

主なアニメーション関連のプロパティを以下に示します。

表：主なアニメーション関連のプロパティ

プロパティ名	説明
animation	アニメーション関連のショートハンドプロパティ
animation-name	アニメーションのキーフレーム名を指定する
animation-delay	アニメーションが開始する時間を指定する
animation-duration	アニメーションの実行時間を指定する
animation-iteration-count	アニメーションの繰り返し回数を指定する。「infinite」を指定すると無限に繰り返す
animation-timing-function	変化のタイミングを3次ベジェ曲線で指定する。「ease-in」、「ease-out」などのキーワードで指定することもできる
animation-direction	アニメーションの実行方向を指定する。「normal」（通常実行）や「reverse」（逆実行）、「alternate」（通常と逆実行両方）などを指定できる
animation-play-state	アニメーションの実行状態を指定する。「running」（実行中）と「paused」（停止）を指定できる
animation-fill-mode	アニメーション実行前後に適用するスタイルを指定する。「forwards」（実行後のスタイル）、「backwards」（実行前のスタイル）、「both」（両方）などを指定できる

本問では、animation-fill-mode プロパティが forwards に指定されているため、アニメーション終了後が「margin-left: 100%;」と「opacity: 0;」が適用されたままになります。そのため、要素は元の位置に戻りません。

解答 C

問題 2-33

重要度 ★☆☆

以下のCSSを設定した場合の動作の説明として、正しいものを選びなさい。

CSS

```
@keyframes rotation {
  0% {
    transform: rotate(0deg);
  }
  100% {
    transform: rotate(180deg);
  }
}

#target {
  animation-name: rotation;
  animation-duration: 3s;
  animation-direction: reverse;
}
```

HTML

```
<img id="target" src="cat.jpg" alt="cat">
```

A. 3秒かけて要素が逆向き（180度回転）になる
B. 3秒かけて要素が逆向き（180度回転）になった後、一瞬で上向き（0度回転）に戻る
C. 3秒かけて要素が逆向き（180度回転）から上向き（0度回転）になる
D. 3秒かけて要素が逆向き（180度回転）から上向き（0度回転）になった後、一瞬で逆向き（180度回転）に戻る
E. 3秒かけて要素が逆向き（180度回転）から上向き（0度回転）になった後、3秒かけて逆向き（180度回転）に戻る

解説 animation-directionプロパティについての問題です。

animation-directionプロパティは、アニメーションの実行方向を指定するプロパティです。**reverseを指定すると、通常とは逆方向にアニメーションが実行されます。**つまり、100%（to）から0%（from）に向かってCSSプロパティが変化します。そのため、本問では画像が逆向き（180度回転）している状態から上向き（0度回転）に変化していき、そのままの状態でアニメーションが終了します。

解答 C

問題 2-34

重要度 ★☆☆

アニメーションを無限に繰り返すキーワードとして、正しいものを記述しなさい。

実行例

```
animation-iteration-count: [          ];
```

□□□

解説 animation-iteration-count プロパティについての問題です。

animation-iteration-count プロパティは、アニメーションの繰り返し回数を指定するプロパティです。値を「infinite」にすると、アニメーションを無限に繰り返します。

解答 infinite

問題 2-35

重要度 ★☆☆

CSS のエラー発生時の動作として、正しいものを選びなさい。

A. エラーが発生し、CSS のパースが停止する
B. エラーが発生した CSS の設定は無視され、CSS のパースが継続する
C. 例外処理による対処を行うことで、通常のパースが継続する
D. 同一プロパティの指定を複数回行うと、エラーが発生する
E. 同一要素に ID セレクタとクラスセレクタで値を指定すると、エラーが発生する

□□□

解説 CSS のエラー発生時の動作についての問題です。

CSS でエラーが発生した場合、**その CSS の指定は無視され、パースが継続されます**。そのため、CSS のエラーが Web ページの描画を妨げることはありません(デザインが崩れる可能性はあります)。その反面、CSS の記述ミスに気づきにくいというデメリットがあります。

CSS の検証方法として、Mozilla が提供している「CSS Validation Service」(https://jigsaw.w3.org/css-validator/) などがあります。

なお、選択肢 D と E の場合、エラーは発生しません。

解答 B

問題 2-36

重要度 ★★☆

html 要素のフォントサイズと比較して、フォントサイズを 1.2 倍にする設定として正しいものを選びなさい。

A. `font-size: x-large`　B. `font-size: xx-large`
C. `font-size: 1.2em`　D. `font-size: 1.2rem`
E. `font-size: 120%`

□□□

解説 font-size プロパティについての問題です。

font-size プロパティは、フォントのサイズを指定するプロパティです。フォントサイズはさまざまな単位で指定できます。

主なフォントサイズの単位を以下に示します。

表：主なフォントサイズの単位

単位	説明
xx-small、x-small、small、medium、large、x-large、xx-large	フォントサイズを指定するキーワード。medium は <font size="3"> と同等で、既定値。small 系にすれば小さく、large 系にすると大きくなる
smaller、larger	**親要素**のフォントサイズと比較して、小さく、または大きくする
px	ピクセル単位の**絶対値**でフォントサイズを指定する
%、em	**親要素**のフォントサイズと比較して、フォントサイズを指定する
rem	**html 要素**のフォントサイズと比較して、フォントサイズを指定する

フォントサイズの指定をピクセル（px）のような絶対値で指定すると、ユーザがフォントサイズを切り替えにくいため、一般的に相対値の単位を使用します。

% や em は古いブラウザでも実装されている点がメリットといえますが、親要素のフォントサイズとの相対値になるため、Web ページ全体のバランスを取りにくいという点がデメリットといえます。

一方、**rem は html 要素のフォントサイズとの相対値になる**ため、全体のバランスを取りやすい単位です。

解答 D

問題 2-37

重要度 ★★★

フォントをイタリックかつ太字に設定するプロパティとして、正しい組み合わせのものを選びなさい。

A. font-size / font-family
B. font-weight / font-family
C. font-weight / font-style
D. font-variant / font-style
E. font-variant / font-size

解説

font-weight プロパティと font-style プロパティについての問題です。

font-weight プロパティは、フォントのウェイト（太さ）を指定するプロパティです。数値（100 から 900）やキーワード（「normal（400 相当）」や「bold（700 相当）」）などで値を指定できます。なお、使用しているフォントファミリに該当する太さのフォントがない場合、自動的に近い値のフォントなどが使われます。

font-style プロパティは、フォントのスタイルを指定するプロパティです。italic（イタリック）と oblique（斜体）を指定できます。なお、イタリックと斜体は異なる字体です。フォントによってはイタリックに対応していないものもあります。イタリックに対応していないフォントは、斜体と同じ字体で表示されます。

font-weight プロパティと font-style プロパティの記述例と実行イメージを以下に示します。

font-weight プロパティと font-style プロパティを使用する CSS の記述例

```
body {
  font-family: Arial, Helvetica, sans-serif;
  font-style: italic;
  font-weight: bold;
  font-size: 2rem;
}
```

font-weight プロパティと font-style プロパティを使用するための HTML の記述例

```
<body>
  <div>
    <p>Fujitsu Learning Media</p>
  </div>
</body>
```

図：実行イメージ

解答 C

問題 2-38

重要度 ★★★

フォントの説明として、正しいものを2つ選びなさい。

A. 指定したフォントファミリはユーザ環境を問わず使用できる
B. フォントファミリは3つまで指定できる
C. フォントファミリを複数指定した場合、すべてが適用される
D. フォントファミリ名にスペースが含まれる場合、クォーテーションで囲む
E. ブラウザごとに既定のフォントファミリが異なる

解説 font-family プロパティについての問題です。

font-family プロパティは、フォントを指定するプロパティです。font-family プロパティで指定したフォントは、ブラウザが動作している環境にインストールされているものが使用されます。そのため、指定したフォントを必ずしも使用できるとは限りません。Web フォント（**2-18** を参照）を使用しても、ダウンロードに失敗する可能性があります。

また、**ブラウザごとに既定のフォントも異なります。**そこで、フォントが存在しない場合に備えて、複数のフォントを指定します。指定するフォントの数に制限はありません。

フォントには、「メイリオ」や「MS Pゴシック」のような個々のフォントを表すフォントファミリ名と、「sans-serif」などの総称ファミリ名があります。総称ファミリ名を指定すると、総称ファミリに近いフォントが適用されます。そのため、ユーザ環境に指定したフォントがない場合でも、総称ファミリ名を指定していた場合は、意図したデザインに近いフォントを適用できます。

font-family プロパティの記述例を以下に示します。

font-family プロパティの記述例

```
font-family: Arial, Verdana, "Lucida Grande", "メイリオ", Meiryo, "ＭＳ Ｐゴシック", "ヒラギノ角ゴ Pro W3", sans-serif
```

フォントを複数指定した場合、ユーザ環境に存在するフォントが適用されます。その際、前方にあるフォントが優先されます。また、「Lucida Grande」のように**フォントファミリ名にスペースが含まれる場合は、ダブルクォーテーションでフォントファミリ名を囲む必要があります。**

なお、**総称ファミリは font-family プロパティの値の最後に記述し、最低 1 つは指定することをお勧めします。**

解答 D, E

問題 2-39

重要度 ★★☆

font プロパティでまとめて指定できるプロパティとして、誤っているものを 1 つ選びなさい。

A. font-style　B. font-variant
C. font-family　D. line-height
E. font-size-adjust

解説　font プロパティについての問題です。

font プロパティは、フォント関連のショートハンドプロパティです。font プロパティでまとめて指定できる主なプロパティを以下に示します。

また、font プロパティは、各プロパティ名を省略し、値をまとめて指定することが可能です。その場合、値の指定の順番が決まっています。記述例を下記に示します。

表：font プロパティで指定できるプロパティ

値の指定の順番	プロパティ名	説明
1（順不同）	font-style	フォントのスタイルを指定する
	font-variant	フォントをスモールキャップ（小文字と同じ高さの大文字）に切り替える
	font-weight	フォントのウェイト（太さ）を指定する
2	font-size	フォントのサイズを指定する
3	line-height	最小の要素の高さを指定する（ブロックレベル要素の場合）
4	font-family	フォントを指定する

記述例

```
p { font: italic bold small-caps 85%/1.5 'ＭＳ Ｐゴシック',sans-serif;}
```

選択肢Eのfont-size-adjustプロパティは、小文字の高さに合わせてフォントサイズを変更するプロパティです。fontプロパティで指定することはできません。

解答 E

問題 2-40

重要度 ★★☆

下記のうち、font-familyプロパティの値である総称ファミリは下記のうちどれか、正しいものを2つ選びなさい。

A. sans-serif　B. Meiryo
C. Verdana　D. Arial
E. monospace

□□□

解説 font-familyプロパティの値として設定できる総称ファミリについての問題です。

総称ファミリは、ユーザ環境でfont-familyプロパティで指定したフォントファミリがどれも利用できなかった場合を想定し、代替として設定します。font-familyプロパティの詳細は**2-38**を参照してください。

主な総称ファミリとCSSの記述例を下記に示します。この例では、ユーザ環境にArial、Meiryo、MS Pゴシックの3つのフォントファミリが使用できなかった場合、sans-serifという総称ファミリが適用され、意図したデザインに近いフォントを設定できます。

表：総称ファミリ

名称	特徴
sans-serif	ゴシック系のフォント
serif	明朝系のフォント
cursive	筆記体フォント
fantasy	装飾的なフォント
monospace	すべての字が同じ幅を持つフォント

記述例

```
body { font-family : "Arial", "Meiryo", "MS P ゴシック", sans-serif }
```

解答 A, E

問題 2-41

重要度 ★★☆

下記の文字列に「text-transform: capitalize」を適用した際の状態について、正しいものを選びなさい。

実行例

```
Fujitsu learning meDia
```

A. すべて大文字になる
B. 各単語の頭文字が大文字になる（l と m が大文字になる）
C. すべて小文字になる
D. 各単語の頭文字が小文字になる（F が小文字になる）
E. 各単語の頭文字が大文字になり、ほかの文字が小文字になる

解説 text-transform プロパティに関する問題です。

text-transform プロパティは文字の大小を変換するためのプロパティです。text-transform プロパティの主な値を以下に示します。

表：text-transform プロパティの主な値

プロパティ名	特徴
capitalize	単語の先頭文字を大文字にする
uppercase	小文字を大文字に変換する
lowercase	大文字を小文字に変換する
none	変換しない

解答 B

問題 2-42

重要度 ★☆☆

text-indentプロパティにおいて、次のように5em分だけ字下げを設定する場合、空欄に当てはまる数値を書きなさい。

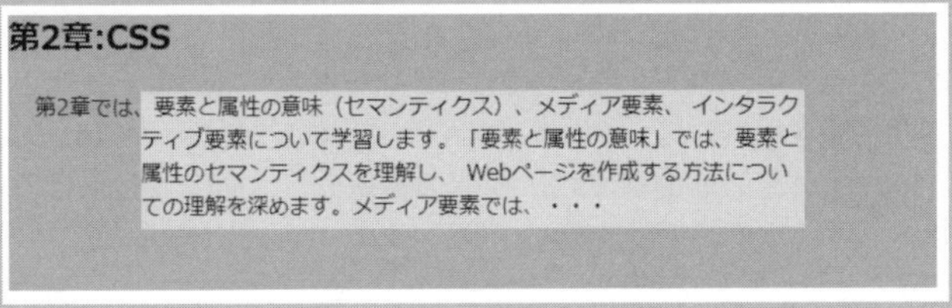
第2章:CSS
第2章では、要素と属性の意味（セマンティクス）、メディア要素、インタラクティブ要素について学習します。「要素と属性の意味」では、要素と属性のセマンティクスを理解し、Webページを作成する方法についての理解を深めます。メディア要素では、・・・

CSS

```
div.d1 {
  width:700px;
  height: 200px;
  margin: 0 auto;
  padding:0 auto;
  background: rgb(236, 155, 141);
}
p.p1 {
  width:500px;
  height: 100px;
  margin: 0 auto;
  padding-left:0 auto;
  text-indent:     em;
  background: rgb(236, 225, 141);
}
```

HTML

```
<div class="d1">
  <h2>第2章:要素</h2>
  <p class="p1">第2章では、要素と属性の意味（セマンティクス）、メディア
要素、インタラクティブ要素について学習します。「要素と属性の意味」では、要素
と属性のセマンティクスを理解し、Webページを作成する方法についての理解を深め
ます。メディア要素では、・・・
  </p>
</div>
```

解説 text-indent プロパティに関する問題です。

text-indent プロパティでは、テキストの字下げを指定できます。text-indent プロパティに設定できる値を以下に示します。

表：text-indent プロパティの値

値	特徴
0	字下げなし
% 指定	表示領域の横幅を 100%とした場合、指定した % 分だけ字下げする
正の値	テキストの先頭行を右側に字下げする
負の値	テキストの先頭行が左に前倒しされて表示される

たとえば text-indent プロパティの値に 5em を指定すると、テキストの先頭行を 5em 分右に字下げします。また、-5em のようにマイナスの値を指定すると、テキストの先頭行が左に前倒しされ、要素の領域外（padding）にはみ出す形で表示します。

今回の問題では、p 要素の領域からテキストの先頭行が左に 5em 分はみ出す形で表示されているため、「-（マイナス）」の指定となります。また % 指定では、表示領域の横幅を 100% とした場合、指定した % 分だけ字下げします。たとえば 10%と指定するとコンテンツの表示領域の 10% 分字下げします。

解答 -5

問題 2-43

重要度 ★★☆

テキストを中央寄せにできるプロパティとして、正しいものを選びなさい。

A. `text-transform`　B. `white-space`
C. `word-break`　D. `text-indent`
E. `text-align`

解説 テキスト関連のプロパティについての問題です。
主なテキスト関連のプロパティを以下に示します。

表：主なテキスト関連のプロパティ

プロパティ名	説明
text-transform	テキストの大文字 / 小文字表記方法を指定する
white-space	空白文字の扱い方を指定する
word-break	改行方法を指定する
hyphens	行を折り返す際のハイフンを設定する
text-align	テキストの寄せ方を指定する
word-spacing	単語間のスペースを指定する
letter-spacing	文字間のスペースを指定する
text-indent	先頭行のインデントを指定する

テキストを中央寄せにするには、text-align プロパティを使用します。なお、text-align プロパティで寄せ方を指定できるのは、インラインコンテンツのテキストだけです。

テキストを中央寄せする記述例を以下に示します。

text-align プロパティでテキストを中央寄せにする記述例

```
text-align: center;
```

解答 E

問題 2-44

重要度 ★☆☆

word-spacing プロパティと letter-spacing プロパティの説明の組み合わせとして、正しいものを選びなさい。

A. word-spacing　単語間のスペースを指定する
 letter-spacing　行間のスペースを指定する
B. word-spacing　行間のスペースを指定する
 letter-spacing　単語間のスペースを指定する
C. word-spacing　単語間のスペースを指定する
 letter-spacing　文字間のスペースを指定する
D. word-spacing　文字間のスペースを指定する
 letter-spacing　単語間のスペースを指定する
E. word-spacing　行間のスペースを指定する
 letter-spacing　文字間のスペースを指定する

解説 word-spacing プロパティと letter-spacing プロパティについての問題です。

word-spacing プロパティは単語間のスペースを指定するプロパティ、**letter-spacing プロパティ**は文字間のスペースを指定するプロパティです。

それぞれの記述例を以下に示します。

word-spacing プロパティと letter-spacing プロパティを使用する CSS の記述例

```
p {
  word-spacing: 20px;
  letter-spacing: 10px;
}
```

word-spacingプロパティとletter-spacingプロパティを使用するためのHTMLの記述例

```
<div>
  <p>Fujitsu Learning Media</p>
</div>
```

図：実行イメージ

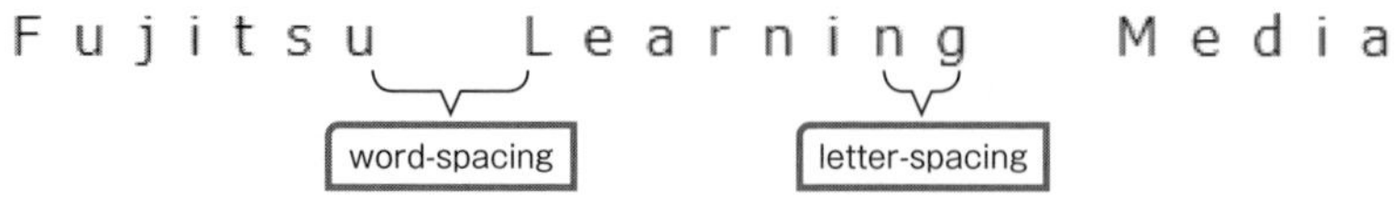

解答 C

問題 2-45

重要度 ★☆☆

テキストに打消し線をつける場合の値として、空欄に当てはまるものを選びなさい。

実行例

```
text-decoration: double black [      ]
```

A. underline　　B. line-through
C. overline　　D. wavy
E. dashed

解説 text-decorationプロパティについての問題です。

text-decorationプロパティは、テキスト装飾関連プロパティのショートハンドプロパティです。

text-decorationプロパティで設定できるプロパティを以下に示します。

表：text-decorationプロパティで指定できるプロパティ

プロパティ名	説明
text-decoration-line	装飾（線）の種類を指定する。underline（下線）、overline（上線）、line-through（打消し線）などを指定できる
text-decoration-style	text-decoration-lineの装飾（線）のスタイルを指定する。solid（実線）、double（二重線）、dotted（点線）、wavy（波線）などを指定できる
text-decoration-color	装飾（線の）色を指定する

解答 B

問題 2-46

重要度 ★☆☆

テキストを右から左に表示する設定として、正しい組み合わせのものを選びなさい。

A. text-align / vertical-align
B. text-align / unicode-bidi
C. direction / text-align
D. direction / vertical-align
E. direction / unicode-bidi

□□□

解説 direction プロパティと unicode-bidi プロパティについての問題です。

direction プロパティはテキストや要素の方向を指定するプロパティです。「ltr」（左から右）か「rtl」（右から左）を指定できます。アラビア語のように、右から左に書く言語などを表現する際に使用します。

unicode-bidi プロパティは、双方向テキストの扱いを決めます。direction プロパティと一緒に用います。「bidi-override」を指定すると、direction プロパティで指定した方向にテキストの方向も変わります。

direction プロパティと unicode-bidi プロパティの記述例を以下に示します。

direction プロパティと unicode-bidi プロパティを使用する CSS の記述例

```
.right-to-left {
  direction: rtl;
  unicode-bidi: bidi-override;
}
```

direction プロパティと unicode-bidi プロパティを使用するための HTML の記述例

```
<div>
  <p class="right-to-left">日本も昔は右から左に文書を書いていました。</p>
</div>
```

図：実行イメージ

。たしまいてい書を章文に左らか右は昔も本日

解答 E

問題 2-47

重要度 ★☆☆

下記のプロパティの説明として、正しい組み合わせのものを選びなさい。

① `text-shadow`
② `line-height`
③ `vertical-align`

い 縦方向の整列方法を設定する
ろ テキストの高さを設定する
は テキストに影をつける

A. ① - い、② - ろ、③ - は
B. ① - い、② - は、③ - ろ
C. ① - ろ、② - は、③ - い
D. ① - は、② - い、③ - ろ
E. ① - は、② - ろ、③ - い

□□□

解説 テキスト装飾関連プロパティについての問題です。
テキスト装飾関連プロパティの概要を以下に示します。

表：テキスト装飾関連プロパティの概要

プロパティ名	説明
text-shadow	テキストに影をつける
line-height	テキストの行間を設定する
vertical-align	縦方向の整列方法を設定する

解答 E

問題 2-48

重要度 ★★★

ボックスモデルを構成する要素として、誤っているものを選びなさい。

A. `height`
B. `width`
C. `border`
D. `background`
E. `margin`

□□□

解説 ボックスモデルについての問題です。

ボックスモデルとは、HTMLの要素が占める領域の取り方です。ボックスモデルは、コンテンツ、パディング、ボーダ、マージンの4つの領域で構成されています。

ボックスモデルのイメージとボックスモデルを構成するプロパティを以下に示します。

図：ボックスモデルのイメージ

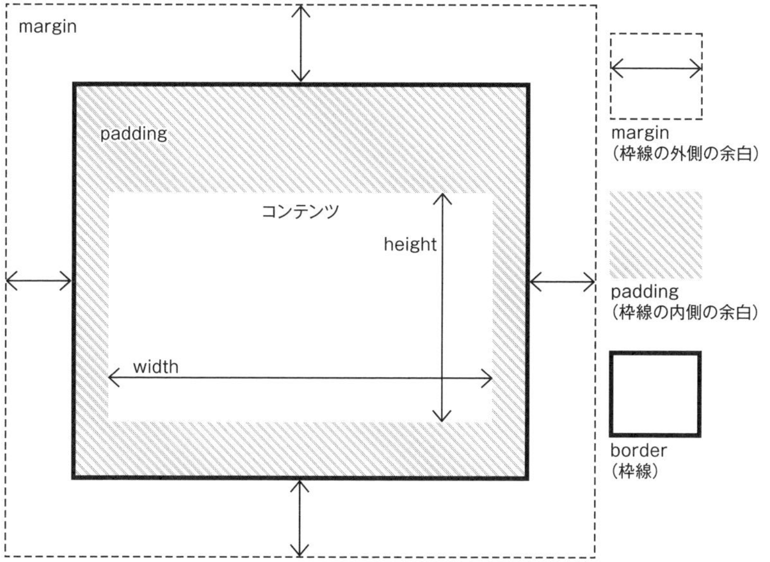

表：ボックスモデルを構成するプロパティ

領域名	主なプロパティ	説明
コンテンツ	width、min-width、max-width、height、min-height、max-height	HTML要素のコンテンツが占める領域
パディング	padding（padding-top、padding-right、padding-bottom、padding-left）	コンテンツとボーダの間の空白領域
ボーダ	border（border-width）	枠線の占める領域
マージン	margin（margin-top、margin-right、margin-bottom、margin-left）	ボーダの外側の空白領域

HTML要素が実際に使用する領域は、この4つが使用している幅・高さの合計になります。たとえば、以下のCSSを設定した場合、widthが**500px**、左右のパディングとボーダ、マージンが5pxずつの**計30px**を占めるため、HTML要素が占める幅は530pxになります。

CSSの記述例

```
.box {
  width: 500px;
  padding: 5px;
  border: solid black 5px;
  margin: 5px;
}
```

選択肢Dのbackgroundはボックスモデルとは関係ないため、誤りです。

解答 D

問題 2-49

重要度 ★★★

以下のCSSを設定した場合、HTML要素が占める幅として、正しいものを選びなさい。

実行例

```
.box {
  width: 250px;
  padding: 2px;
  border: solid black 1px;
  margin: 5px;
  box-sizing: border-box;
}
```

A. 250px　B. 251px
C. 260px　D. 264px
E. 266px

解説 box-sizingプロパティについての問題です。

box-sizingプロパティは、ボックスモデル（**2-48**を参照）の幅と高さの計算方法を変更するプロパティです。「content-box」に設定すると、既定のボックスモデルに基づいた幅と高さの計算が行われます。「border-box」にすると、コンテンツのwidthとheightで指定したコンテンツ領域内にパディング領域とボーダ領域も含まれるようになります。そのため、本問の設定であれば、widthプロパティで設定した250pxもpaddingプロパティとborderプロパティで指定した幅も含まれるようになります。

つまり、コンテンツ領域の幅が244px、パディング領域の幅が4px、ボーダ領域の幅が2pxの計250pxになります。250pxにmarginが占めている10pxの幅を含めて、HTML要素が合計で260pxの幅を占めることになります。

解答 C

問題 2-50

重要度 ★☆☆

以下の CSS を設定した場合の説明として、正しいものを選びなさい。

CSS

```
ul li {
    display: inline;
    width: 100px;
    height: 50px;
    padding: 10px;
    margin: 10px 0;
    background: blue;
    color: white;
}
```

HTML

```
<ul>
    <li>HTML</li>
    <li>CSS</li>
    <li>JavaScript</li>
</ul>
```

A. リストの要素は横並びに表示される
B. リストの要素はすべて同じ幅を占める
C. リストの高さは 50px を占める
D. 上下左右にそれぞれ 10px のパディングが設定される
E. 上下にそれぞれ 10px のマージンが設定される

解説 CSS フローレイアウトおよび display プロパティについての問題です。

CSS フローレイアウトは既定のレイアウトのことで、特にレイアウトの方法が指示されていない場合に使用されるレイアウト方法です。

CSSフローレイアウトでは、ブロックレベル要素を配置すると、高さをもつブロックを構成します。ブロックは新しい行から始まるため、ブロック要素同士は縦に並んで表示されることになります。一方、インラインレベル要素は親要素に含まれて表示されるため、横に並んで表示されます。それぞれの表示イメージを以下に示します。

図：ブロックレベル要素とインラインレベル要素の表示イメージ

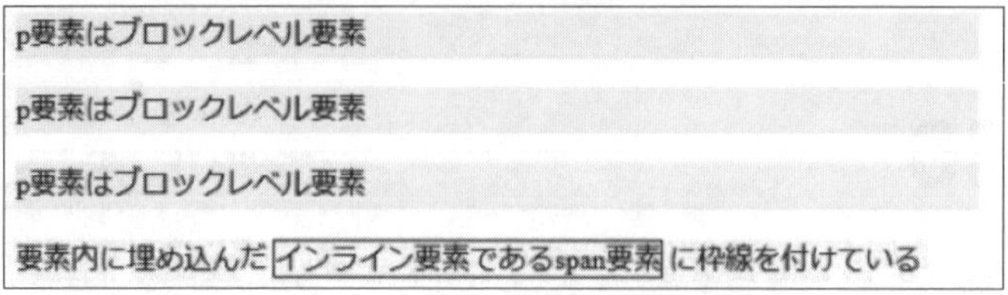
p要素はブロックレベル要素
p要素はブロックレベル要素
p要素はブロックレベル要素
要素内に埋め込んだ インライン要素であるspan要素 に枠線を付けている

HTMLにおけるブロックレベル要素とインラインレベル要素の区分は現在では廃止され、より細かく要素を区分したコンテンツカテゴリによる区分けを行っています。詳細は**3-1**を参照してください。

ブロックレベル要素とインラインレベル要素の区分は廃止されましたが、ブロックレベルとインラインレベルはCSSフローレイアウトとして定義されています。

displayプロパティで、ブロックレベル、インラインレベルなどの要素のレイアウトを設定できます。

displayプロパティで指定できる主な値を以下に示します。

表：displayプロパティの主な値

値	説明
block	要素をブロックレベルにする
inline	要素をインラインレベルにする
flex	要素を可変ボックスにする（**2-20**を参照）

ブロックレベル要素とインラインレベル要素では、設定できるCSSプロパティも異なります。それぞれに設定できるプロパティの差異を以下に示します。

表：ブロックレベル要素とインラインレベル要素のプロパティの差異

プロパティ	ブロックレベル要素	インラインレベル要素
width、height	設定可能	設定不可
margin、padding	設定可能	margin-left、margin-right padding-left、padding-rightのみ設定可能
text-align	子要素に適用される	親要素に適用したものが適用される
vertical-align	設定不可	設定可能

本問では、li要素をインラインレベルに変更しています。インラインレベルの要素では、width、height、および上下のmargin、paddingは設定できません。

解答 A

問題 2-51

重要度 ★★★

以下の CSS と同等の設定として、正しいものを 3 つ選びなさい。

実行例

```
padding-top: 10px;
padding-bottom: 10px;
padding-right: 20px;
padding-left: 20px;
```

A. `padding: 20px 10px;`
B. `padding: 10px 20px;`
C. `padding: 10px 20px 10px;`
D. `padding: 10px 20px 10px 20px;`
E. `padding: 20px 10px 20px 10px;`

□□□

解説 padding プロパティについての問題です。

padding プロパティは、padding-top プロパティなどのショートハンドプロパティです。値を 1 つから 4 つ指定できます。

1 つの場合は、上下左右に同じ値が適用されます。2 つの場合は、1 つ目に上下の値、2 つ目に左右の値を指定します。3 つの場合は、1 つ目に上の値、2 つ目に左右の値、3 つ目に下の値を指定します。4 つの場合は、1 つ目から順に上右下左の値になります。

解答 B, C, D

問題 2-52

重要度 ★★★

div 要素を中央寄せするための margin プロパティの値として、空欄に入る正しいものを選びなさい。

実行例

```
#wrapper {
  width: 900px;
  margin: 0 [        ];
}
```

A. 0　　　B. auto

C. 100em　　　D. 0px

E. 100%

解説

中央寄せについての問題です。

div 要素を中央寄せするには、**要素の左右のマージンに auto を設定します。**マージンの設定が auto の場合、自動的に領域を確保します。左右ともに auto の場合、左右均等にマージンを確保するため、中央寄せになります。

問題文では、margin プロパティの値を 2 つ指定しています。その場合、2 つ目の値が左右のマージン設定になります（margin プロパティの値設定の考え方は padding プロパティと同じです。詳細は **2-51** を参照してください）。そのため、2 つ目の値として auto を指定すれば、中央寄せになります。

なお、左右のマージンを個別に指定して中央寄せするには、margin-left プロパティと margin-right プロパティの値を auto にします。

解答 B

問題 2-53

重要度 ★★★

section要素を横並びにするために空欄に当てはまるCSSプロパティとして、正しい組み合わせを選びなさい。

HTML

```
<div class="wrap clearfix">
  <section>A</section>
  <section>B</section>
</div>
```

CSS

```
.wrap > section {
  width: 300px;
  margin: 10px 20px;
  border: 3px solid black;
  border-radius: 3px;
  text-align: center;
  [    ①    ]: left;
}
.clearfix::after {
  content: "";
  display: block;
  [    ②    ]: both;
}
```

A. ① flex　② flex-direction
B. ① flex-direction　② flex
C. ① float　② clear
D. ① clear　② float
E. ① float　② flex-direction

□□□

解説

float プロパティと clear プロパティについての問題です。

floatプロパティは、HTMLの要素を左右に回り込ませるプロパティです。floatプロパティで要素を回り込ませることで、要素を横並びにできます。floatプロパティを設定すると、それ以降の要素は回り込み続けることになります。そのため、回り込みを解除するためにはclearプロパティを使用します。**clearプロパティ**をbothに設定すると、左右どちらの回り込みでも解除できます。

回り込みの解除では、**clearfix**と呼ばれる手法が多く用いられます。一般的には、「::after」疑似要素内でclearプロパティを適用します（clearfixは対象とするブラウザのバージョンによって、複数の手法があります）。問題文のCSSでも、clearfixを用いた回り込みの解除を行っています。

なお、CSS3で追加された可変ボックスを用いると、より柔軟に要素の配置を制御できます。可変ボックスについては、**2-20**を参照してください。

解答 C

問題 2-54

重要度 ★☆☆

div要素などに収まりきらない部分のテキストを非表示にする設定として、正しいものを選びなさい。

A. `overflow: hidden`　　B. `overflow: scroll`
C. `overflow: visible`　　D. `visibility: hidden`
E. `visibility: collapse`

□□□

解説 overflowプロパティについての問題です。

overflowプロパティは、div要素などのブロックレベル要素（フローコンテンツ）からはみ出したテキストの表示方法を指定するプロパティです。visible（表示）やhidden（非表示）、scroll（スクロールバーの表示）などの値を指定できます。

overflowプロパティの設定イメージを以下に示します。

図：overflowプロパティの設定イメージ（左からvisible、hidden、scroll）

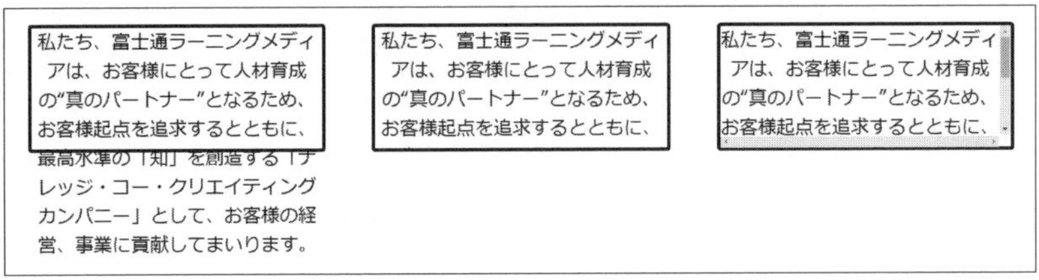

私たち、富士通ラーニングメディアは、お客様にとって人材育成の"真のパートナー"となるため、お客様起点を追求するとともに、最高水準の「知」を創造する「ナレッジ・コー・クリエイティングカンパニー」として、お客様の経営、事業に貢献してまいります。
私たち、富士通ラーニングメディアは、お客様にとって人材育成の"真のパートナー"となるため、お客様起点を追求するとともに、
私たち、富士通ラーニングメディアは、お客様にとって人材育成の"真のパートナー"となるため、お客様起点を追求するとともに、

解答 A

問題 2-55

重要度 ★☆☆

要素の背景に画像を設定するために使用するキーワードとして、正しいものを選びなさい。

実行例

```
background:[          ](cat.jpg) no-repeat;
```

A. linear-gradient　　B. translate
C. skew　　D. rect
E. url

□□□

解説 background プロパティについての問題です。

background プロパティは、背景関連のショートハンドプロパティです。

background プロパティでまとめて設定できるプロパティを以下に示します。

表：background プロパティでまとめて設定できるプロパティ

プロパティ名	説明
background-image	背景画像を指定する
background-position	background-origin の設定からの相対位置で、背景画像の位置を指定する
background-size	背景画像の大きさを指定する
background-repeat	背景画像の繰り返しを制御する
background-origin	背景画像の配置領域を指定する
background-clip	枠線近辺の背景画像の表示方法を指定する
background-attachment	背景画像がブロックと一緒にスクロールするか固定するかを指定する
background-color	背景色を指定する

background プロパティ、または background-image プロパティで背景画像を指定する場合、url 関数を使用します。

解答 E

問題 2-56

重要度 ★★★

以下の CSS を用いて背景画像を全画面表示する場合、空欄に当てはまる値として正しいものを選びなさい。

実行例

```
#top {
  width: 100vw;
  height: 100vh;
  background: url("nemurineko.jpg") no-repeat center;
  background-size:[        ];
}
```

A. contain
B. auto
C. cover
D. initial
E. unset

□□□

解説

background-size プロパティについての問題です。

background-size プロパティで背景画像の大きさを指定できます。

background-size プロパティで指定できる主な値を以下に示します。

表：background-size プロパティの主な値

値	説明
auto	背景画像の元の縦横比を崩さずに拡大・縮小する
contain	トリミングや伸張なしに可能な限り背景画像を縮小・拡大する
cover	伸張なしに可能な限り背景画像を縮小・拡大する。背景画像の比率が異なる場合は、トリミングする
initial	初期値が設定される
unset	設定が解除される

問題文の CSS では、width プロパティと height プロパティで画面いっぱいに領域を占有しています（vw と vh については、**4-7** を参照）。その上で、background-size プロパティの値を cover にすると、画面いっぱいに背景画像が広がります。

背景画像を全画面表示したイメージ図を以下に示します。

図：全画面表示のイメージ

解答 C

問題 2-57

重要度 ★☆☆

border プロパティで設定できるプロパティとして、正しいものをすべて選びなさい。

A. border-width　　B. border-radius
C. border-style　　D. box-shadow
E. border-color

解説 border プロパティについての問題です。
border プロパティは、枠線（罫線）関連のショートハンドプロパティです。
border プロパティで設定できるプロパティを以下に示します。

表：border プロパティで設定できるプロパティ

プロパティ名	説明
border-width	枠線の幅を指定する
border-style	枠線のスタイル（実線や点線など）を指定する
border-color	枠線の色を指定する

なお、border プロパティで border-radius プロパティや box-shadow プロパティを指定することはできません。

解答 A, C, E

問題 2-58

重要度 ★★★

枠線を丸めるプロパティとして、正しいものを選びなさい。

A. `border-radius`
B. `border-style`
C. `border`
D. `column-rule-style`
E. `column-rule`

□□□

解説 border-radius プロパティについての問題です。

border-radius プロパティは、枠の角を丸めるためのプロパティです。border-radius プロパティの詳細については、**2-59** を参照してください。

解答 A

問題 2-59

重要度 ★★★

width プロパティと height プロパティが 100px の div 要素を円形に表示させる border-radius プロパティの値として、正しいものを選びなさい。

A. `border-radius: 20px`
B. `border-radius: 20%`
C. `border-radius: 40px`
D. `border-radius: 40%`
E. `border-radius: 50%`

□□□

解説 border-radius プロパティについての問題です。

border-radius プロパティで値を 1 つのみ指定した場合、すべての角が同じ角度で丸められます。**丸めは、指定した値で、丸めがかかる x 軸と y 軸が決定します。**

border-radius プロパティの設定イメージを以下に示します。

図：border-radius プロパティの設定イメージ

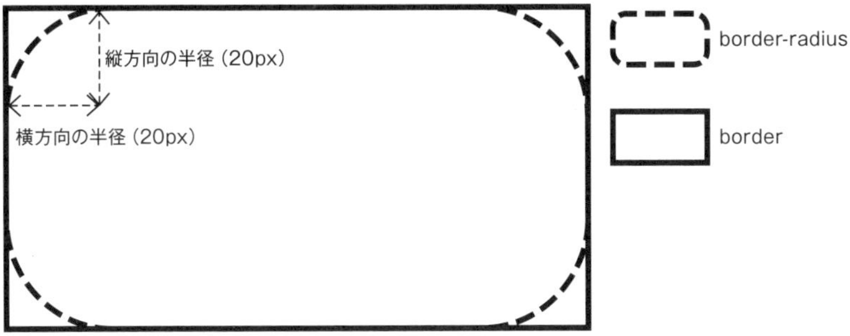

以下のCSSが設定されているものとする。
div{width: 200px; height: 100px; border: 1px solid black; **border-radius: 20px;**}

本問の div 要素は正方形になっているため、border-radius プロパティの値を50% にすると、各辺からの中間点で**丸めがかかるため**、円形になります。

border-radius: 50%; を適用前と適用後のイメージを以下に示します。

図：border-radius プロパティの設定イメージ

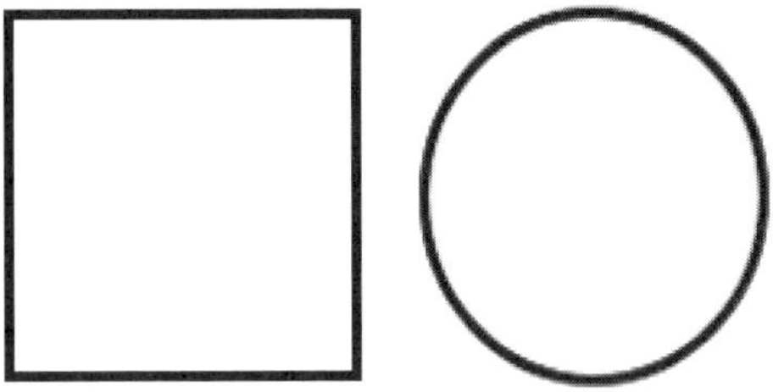

border-radius適用前　　border-radius適用後

解答 E

問題 2-60

重要度 ★★☆

box-shadow プロパティを用いて、内側に向かってぼかした影を設定する値として、正しいものを選びなさい。

A. `box-shadow: 5px 5px black;`
B. `box-shadow: 5px 5px 5px black;`
C. `box-shadow: 5px 5px 5px 5px black;`
D. `box-shadow: inset 5px 5px black;`
E. `box-shadow: inset 5px 5px 5px black;`

解説 box-shadow プロパティについての問題です。

box-shadow プロパティは、要素に影をつけるプロパティです。2つから4つの値および inset キーワードを影の値として設定できます。

それぞれの値の説明を以下に示します。

表：box-shadow プロパティの値

値	説明
1つ目	影の x 軸の方向
2つ目	影の y 軸の方向
3つ目	影のぼかし指定
4つ目	影の拡大指定
inset	影を内側につけるキーワード

選択肢の内容を確認すると、影を内側に設定する inset キーワードを使用し、かつ値を3つ指定している選択肢Eのみが条件を満たしています。

選択肢Eの実行イメージを以下に示します。

図：実行イメージ

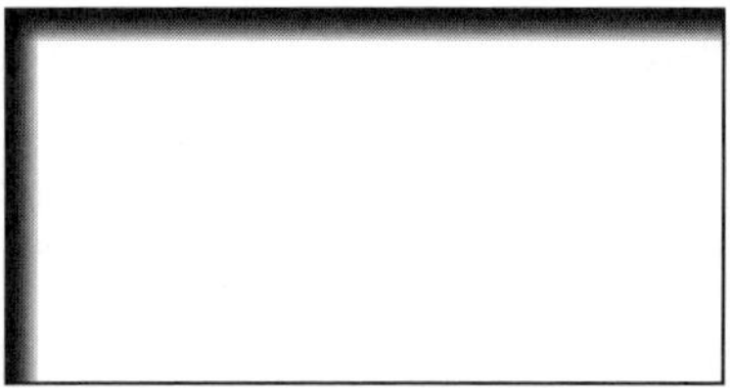

解答 E

問題 2-61

重要度 ★★☆

左から右にかけて背景にグラデーションをかける設定として、正しいものを選びなさい。

A. `background-image: linear-gradient(45deg, blue, red);`
B. `background-image: linear-gradient(90deg, blue, red);`
C. `background-image: linear-gradient(180deg, blue, red);`
D. `background-image: radial-gradient(blue 0%, red 100%);`
E. `background-image: radial-gradient(blue 45%, red 90%);`

解説 linear-gradient 関数と radial-gradient 関数についての問題です。

linear-gradient 関数と radial-gradient 関数で、背景色をグラデーションにします。それぞれ、background-image プロパティの値として使用します。

linear-gradient 関数は、直線的にグラデーションをつけます。1つ目の値を角度（deg）で指定した場合、値は**上が 0deg、下が 180deg** に当たります。そのため、左から右にグラデーションをかけるには、90deg を指定します。または、上下左右などであれば、「to right」のようなキーワードで指定することもできます。2つ目と3つ目の値はカラーを指定するため、「linear-gradient(90deg, blue, red)」であれば左から右にかけて青から赤に変わるグラデーションになります。

radial-gradient 関数は、円形にグラデーションをかけます。「radial-gradient(blue 0%, red 100%);」であれば、中心部が青で、外縁にかけて円形に赤になっていくグラデーションになります。

linear-gradient 関数と radial-gradient 関数のイメージ図を以下に示します。

図：linear-gradient 関数と radial-gradient 関数の設定イメージ

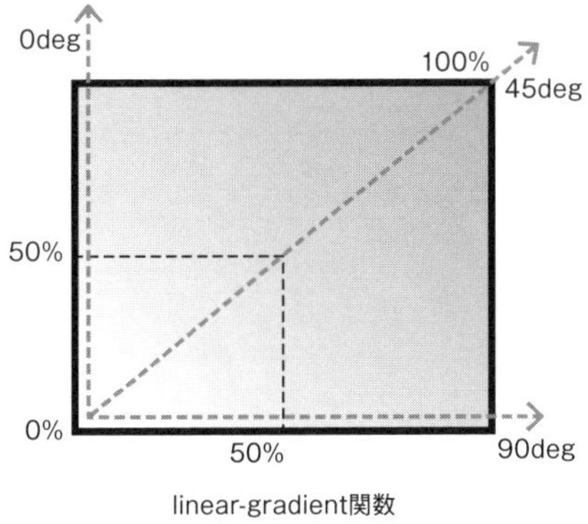

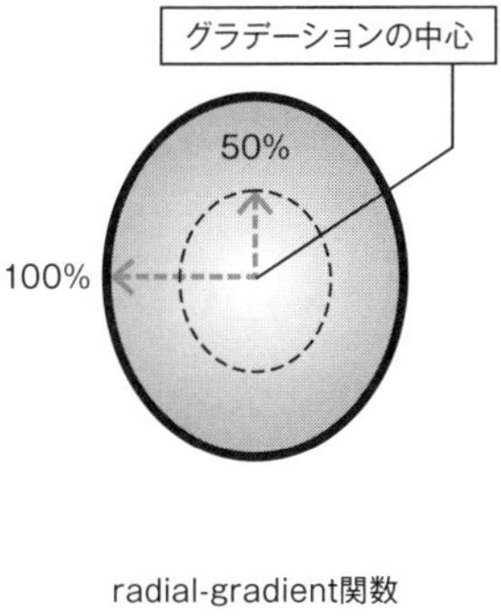

解答 B

問題 2-62

重要度 ★★☆

columns プロパティの説明として、正しいものを選びなさい。

- **A.** table 要素の列数を制御できる
- **B.** table 要素の行数を制御できる
- **C.** 列方向のマルチカラムレイアウトを実現できる
- **D.** 行方向のマルチカラムレイアウトを実現できる
- **E.** Web ページ全体が 12 列に分割される

解説　マルチカラムレイアウトについての問題です。

マルチカラムレイアウトは、多段レイアウトを実現するプロパティです。マルチカラムレイアウトを用いることで、複数列で構成されるレイアウトを容易に作成できます。具体的には、columns プロパティ、または column-count プロパティに指定した列数にレイアウトが分割されます。具体的には、「columns: 2;」を指定すると、要素が 2 列に分かれたレイアウトにできます。

主なマルチカラムレイアウト関連のプロパティを以下に示します。

表：マルチカラムレイアウト関連の主なプロパティ

プロパティ名	説明
columns	column-count プロパティと column-width プロパティのショートハンドプロパティ
column-count	要素の列数を指定する
column-width	列の最小幅を指定する
column-gap	列同士の間隔を指定する
column-rule	column-rule-style プロパティと column-rule-width プロパティ、column-rule-color プロパティのショートハンドプロパティ
column-rule-style	列間の線のスタイルを指定する
column-rule-width	列間の線の幅を指定する
column-rule-color	列間の線の色を指定する
column-span	すべての列にまたがる要素かどうかを指定する

マルチカラムレイアウトの記述例と実行イメージを以下に示します。

マルチカラムレイアウトにする HTML の記述例

```
<div class="multi">
私たち、富士通ラーニングメディアは、お客様にとって人材育成の“真のパートナー”となるため、お客様起点を追求するとともに、最高水準の「知」を創造する「ナレッジ・コー・クリエイティングカンパニー」として、お客様の経営、事業に貢献してまいります。
</div>
```

マルチカラムレイアウトにする CSS の記述例

```
.multi {
  columns: 2 300px;
}
```

図：実行イメージ

私たち、富士通ラーニングメディアは、お客様にとって人材育成の“真のパートナー”となるため、お客様起点を追求するとともに、最高水準	の「知」を創造する「ナレッジ・コー・クリエイティングカンパニー」として、お客様の経営、事業に貢献してまいります。

なお、マルチカラムレイアウトは、table 要素の制御をするプロパティではありません。マルチカラムレイアウトは行方向の制御もできず、特定の列数を指定することもできません。

解答 C

問題 2-63

重要度 ★☆☆

以下のHTMLにマルチカラムレイアウトを適用し、多段レイアウトにする。このとき、h2要素のみを列内に含めないようにするためのプロパティとして、正しいものを選びなさい。

実行例

```
<div class="multi">
  <h2>富士通ラーニングメディアが目指すこと</h2>
  私たち、富士通ラーニングメディアは、お客様にとって人材育成の“真のパートナー”となるため、お客様起点を追求するとともに、最高水準の「知」を創造する「ナレッジ・コー・クリエイティングカンパニー」として、お客様の経営、事業に貢献してまいります。
</div>
```

A. column-gap　　B. column-span
C. column-rule-style　　D. column-rule-width
E. column-rule-color

解説

column-spanプロパティについての問題です。

column-spanプロパティは、すべての列をまたぐ要素かどうかを指定するプロパティです。値をallに設定すると列をまたぐ要素、noneに設定すると列をまたがない要素になります。

column-spanプロパティの記述例と実行イメージを以下に示します（HTMLは問題文のものと同じです）。

column-spanプロパティを使用するCSSの記述例

```
.multi {
  columns: 2 300px;
}
.multi > h2 {
  column-span: all;
}
```

図：実行イメージ

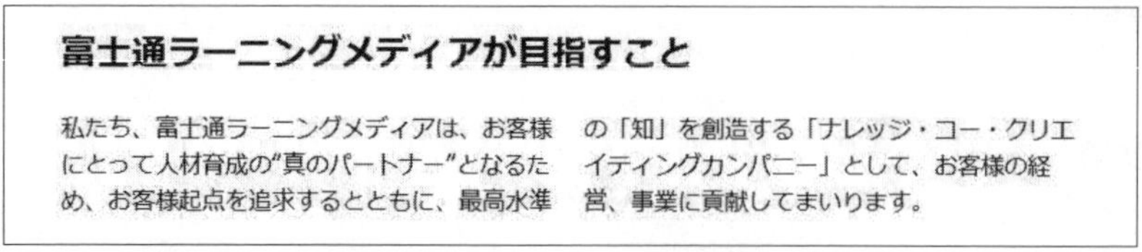

富士通ラーニングメディアが目指すこと
私たち、富士通ラーニングメディアは、お客様にとって人材育成の"真のパートナー"となるため、お客様起点を追求するとともに、最高水準の「知」を創造する「ナレッジ・コー・クリエイティングカンパニー」として、お客様の経営、事業に貢献してまいります。

なお、そのほかの選択肢については、**2-62** を参照してください。

解答 B

問題 2-64

重要度 ★☆☆

以下のHTML内のp要素に適用されるスタイルとして、正しいものを選びなさい。

実行例

```
<div style="color: red; font-size: 1.2em; padding: 10px;">
  <p>Fujitsu Learning Media</p>
</div>
```

A. `color: red; font-size: 1.2em; padding: 10px;`
B. `color: red; font-size: 1.2em;`
C. `color: red; padding: 10px;`
D. `padding: 10px;`
E. 適用なし

解説 カスケードについての問題です。

カスケードとは、親要素に設定されたCSSプロパティが子要素に引き継がれることです。本問では、親要素であるdiv要素に設定されたCSSプロパティが子であるp要素に引き継がれます。そのため、子要素で重複する設定をしなくて済みます。

ただし、paddingプロパティやmarginプロパティなどのボックスモデル関連のプロパティは子要素に引き継がれません（ボックスモデルについては、**2-48** を参照してください）。

そのため、本問でp要素に適用されるのは、colorプロパティとfont-sizeプロパティの2つになります。

解答 B

問題 2-65

重要度 ★★☆

以下の CSS の記述場所のうち、最も優先順位が高いものを選びなさい。

A. ユーザエージェントスタイルシート
B. ユーザスタイルシート
C. 外部スタイルシート
D. 内部スタイルシート
E. インラインスタイルシート

□□□

解説

スタイルシートの優先順位（詳細度）についての問題です。

CSS プロパティの優先順位は、スタイルシートを記述した場所やセレクタによって決まります。記述場所の優先順位は、CSS プロパティを適用する要素に近いものが優先順位高となります。

記述場所によるスタイルシートの優先順位を以下に示します。

スタイルシートの優先順位

1. **インラインスタイルシート**
2. **外部スタイルシート または 内部スタイルシート**
3. **ユーザスタイルシート**
4. **ユーザエージェントスタイルシート**

インラインスタイルシートは、要素の style 属性に指定します。

インラインスタイルシートの記述例

```
<span style="color: red;">富士通ラーニングメディア</span>
```

外部スタイルシートとは、HTML とは別ファイルに記述した CSS ファイルを読み込んだものです。外部スタイルシートは HTML と CSS を別ファイルで管理できます。また、CSS ファイルを複数の HTML ドキュメントから参照できます。そのため、頻繁に使われます。外部スタイルシートは link 要素を使って設定します。

外部スタイルシートの記述例

```
<link rel="stylesheet" type="text/css" href="style.css">
```

内部スタイルシートは、HTML ドキュメント内の style 要素に記述します。内部スタイルシートは、記述した HTML ドキュメント内でのみ有効です。一般的に、style 要素は head 要素内に記述します。

内部スタイルシートの記述例

```
<style>span { color: red; }</style>
```

なお、外部スタイルシートと内部スタイルシートに優先順位の違いはありません。セレクタによる優先順位が同じであれば、後に記述したCSSプロパティが適用されます。

ユーザスタイルシートは、ユーザがブラウザに設定したスタイルシートです。ユーザが独自のスタイルシートを定義できるため、好みに応じてブラウザのユーザインタフェースを切り替えられます。

図：Google Chromeのユーザスタイルシート設定画面（拡張機能Stylus）

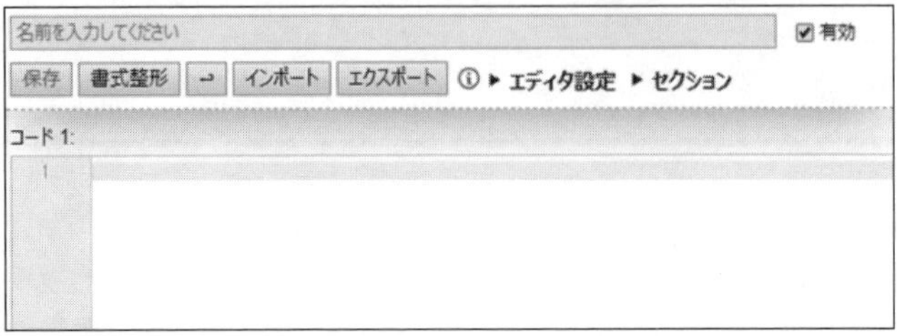

ユーザエージェントスタイルシートは、ブラウザの既定の設定です。設定はブラウザごとに異なります。そのため、リセットCSSと呼ばれる手法を用いて、ブラウザごとに差異が出ないように既定値が異なるプロパティ（font-familyなど）を上書きします（**4-10**を参照）。

解答 E

問題 2-66

重要度 ★★★

以下のCSSとHTMLがある。このうち、p要素の文字色を赤にしたい。空欄に当てはまるキーワードを記述しなさい。

CSS

```
p {
  color: red [          ];
  color: blue;
 }
```

HTML

```
<p style="color: green;">Fujitsu Learning Media</p>
```

□□□

解説 !importantについての問題です。

!**important**は、CSSプロパティの優先順位を上げるキーワードです（優先順位については**2-65**を参照）。タイプセレクタで指定したCSSプロパティは、インラインスタイルシートで指定したCSSプロパティよりも優先順位が低いです。そのため、本問で「color: red」を適用するためには、!importantキーワードを使用します。

!importantキーワードを使うと手軽に優先順位を切り替えられる一方、どこにCSSプロパティが適用されているかがわかりにくくなります。そのため、!importantキーワードの**多用はお勧めしません。**

また、!importantが設定される可能性があるスタイルシートは、外部スタイルシート・内部スタイルシートとユーザスタイルシートです。したがって、CSSプロパティの適用における!importantを含めた際の各スタイルシートの優先順位は、次のとおりです。

1. **ユーザスタイルシート（!important付き）**
2. **外部スタイルシート・内部スタイルシート（!important付き）**
3. **インラインスタイルシート**
4. **外部スタイルシート・内部スタイルシート**
5. **ユーザスタイルシート**
6. **ユーザエージェントスタイルシート**

解答 !important

問題 2-67

重要度 ★★☆

以下のセレクタのうち、最も優先順位が高いものを選びなさい。

A. IDセレクタ　　B. タイプセレクタ
C. クラスセレクタ　　D. 属性セレクタ
E. 疑似クラス

解説 CSSプロパティの優先順位（詳細度）についての問題です。

CSSプロパティの優先順位は、スタイルシートを記述した場所やセレクタの種類と数によって決まります。セレクタによる優先順位は次の4つのグループがあり、要素を詳細に指定しているセレクタほど優先順位は高くなります。

セレクタによるCSSプロパティの優先順位を以下に示します。

セレクタによる CSS プロパティの優先順位

1. **インラインスタイルシート**
2. **ID セレクタ**
3. **クラスセレクタ、属性セレクタ、疑似クラス**
4. **タイプセレクタ、疑似要素**

たとえば、以下の CSS プロパティを設定した場合、ID セレクタの優先順位が高いため、color プロパティには赤が適用されます。

記述例 1

```
#foo { color: red; }
p    { color: green; }
```

また、優先順位が同じセレクタが使われていた場合、その数の合計を計算して優先順位を決定します。以下の記述例の場合、クラスセレクタが 1 つ使われているのはどちらも同じですが、1 行目にはタイプセレクタも使われているので、color プロパティには赤が適用されます。

記述例 2

```
.foo p { color: red; }
.foo   { color: green; }
```

セレクタによる優先順位が同じ場合には、後から記述したものが適用されます。そのため、以下の例では color プロパティに緑が適用されます。

記述例 3

```
.foo p { color: red; }
.foo p { color: green; }
```

解答 A

問題 2-68

重要度 ★★☆

以下の CSS のうち、最も優先順位が高いものを選びなさい。

A. `.new > a:hover`
B. `li:hover h2 .title`
C. `.sp > a`
D. `.sp .capture h1`
E. `.basic li > span`

解説 CSSプロパティの優先順位（詳細度）についての問題です。

選択肢で使われている中で最も優先順位が高いセレクタは、クラスセレクタと疑似クラスです。選択肢AとB、Dはこれらをそれぞれ2つずつ含んでいるので、そのほかの選択肢よりも優先順位が高くなります。

続いて優先順位が高いのはタイプセレクタです。選択肢Bには2つ、選択肢A、Dには1つ含まれています。そのため、選択肢Bの優先順位が最も高くなります。

本問の選択肢のセレクタの出現数を優先順にまとめた表を以下に示します。

表：選択肢ごとのセレクタの出現数

選択肢	インライン スタイル	IDセレクタ	クラスセレクタ、疑似クラス	タイプセレクタ
A	0	0	2	1
B	0	0	2	2
C	0	0	1	1
D	0	0	2	1
E	0	0	1	2

解答 B

問題 2-69

重要度 ★★☆

以下のCSSのうち、最も優先順位が高いものを選びなさい。

A. `li:hover h2 .title`
B. `.sp .capture h1`
C. `.main h2 > span`
D. `#cat .tail img`
E. `#doc div > img`

□□□

解説 選択肢で使われている中で最も優先順位が高いセレクタは、IDセレクタです。選択肢DとEに、それぞれ1つずつ含まれています。選択肢DはIDセレクタの次に優先順位の高いクラスセレクタを含んでいますが、選択肢Eはクラスセレクタを含んでいません。そのため、選択肢Dの優先順位が最も高くなります。

本問の選択肢のセレクタの出現数を優先順にまとめた表を以下に示します。

表：選択肢ごとのセレクタの出現数

選択肢	インライン スタイル	IDセレクタ	クラスセレクタ、疑似クラス	タイプセレクタ
A	0	0	2	2
B	0	0	2	1
C	0	0	1	2
D	0	1	1	1

選択肢	インライン スタイル	ID セレクタ	クラスセレクタ、 疑似クラス	タイプセレクタ
E	0	1	0	2

解答 D

問題 2-70

重要度 ★★☆

以下の CSS と HTML がある。p 要素の文字色として正しいものを選びなさい。

CSS

```
.latest {
  color: blue;
}
#news {
  color: yellow;
}
p {
  color: red;
}
```

HTML

```
<div id="news" style="color: green">
  <p class="latest">Fujitsu Learning Media</p>
</div>
```

A. 青　　B. 黄色
C. 赤　　D. 緑
E. 黒

□□□

解説　CSS プロパティの優先順位（詳細度）についての問題です。

選択肢のうち、p 要素に直接 CSS プロパティを設定しているセレクタは、クラスセレクタ（.latest）とタイプセレクタ（p）の 2 つです。クラスセレクタとタイプセレクタでは、クラスセレクタのほうが優先順位が高いため、p 要素の文字色は青になります。

なお、p 要素の親要素である div 要素から継承された color プロパティの設定は、クラスセレクタによる CSS プロパティ設定で上書きされます。

解答 A

問題 2-71

重要度 ★☆☆

下記の通り、1行のテキストを「」や『』を使用して引用文として表示するとき、設定するスタイルとして、正しいものを選びなさい。

実行例

『株式会社「富士通ラーニングメディア」』

HTML

```
<q>株式会社<q>富士通ラーニングメディア</q></q>
```

CSS

```
q {
     ( ア ) : "『" "』" " 「" "」";
}
q ::before {
   content: ( イ ) ;
}
q ::after {
   content: ( ウ ) ;
}
```

A. ア：quotes　イ：open-quote　ウ：close-quote
B. ア：quotes　イ：open　ウ：close
C. ア：blockquote　イ：open-quote　ウ：close-quote
D. ア：blockquote　イ：open　ウ：close
E. ア：quotes　イ：quote-open　ウ：quote-close

解説　引用符のスタイルを設定するquotesプロパティに関する問題です。

quotesプロパティを使用すると、引用符を自由に設定することができます。quotesプロパティを使用する場合は同時に疑似要素::after、::beforeを設定します。::beforeの値は開始引用符を追加するopen-quoteとし、::afterの値は終了引用符を追加するclose-quoteとします。

また、quotesプロパティを使用する場合は、q要素と組み合わせて使用することが多くなります。q要素は行内の短い引用文を示します。q要素の詳細は問題3-15を参照してください。

以下に具体例を示します。引用文の冒頭と末尾にq要素を挿入した場合は、quotesプロパティで1組の引用符を設定します。

HTML

```
<q>株式会社富士通ラーニングメディア</q>
```

CSS

```
q { quotes : "『" "』; }
q::before { content: open-quote ; }
q::after { content: close-quote ; }
```

実行例

『株式会社富士通ラーニングメディア』

一方で、q 要素を入れ子にした場合、入れ子の数に合わせて引用符をスペース区切りで複数組設定します。本問では、q 要素で一段階入れ子になっているため、引用符を 2 組設定しています。具体的には、入れ子の外側は『』、内側は「」でテキストを囲むように設定します。

HTML

```
<q>株式会社<q>富士通ラーニングメディア</q></q>
```

CSS

```
q { quotes : "『" "』" "「" "」"; }
q::before { content: open-quote ; }
q::after { content: close-quote ; }
```

実行例

『株式会社「富士通ラーニングメディア」』

ちなみに、選択肢後半の brockquote は、CSS プロパティではなく HTML 要素です。詳細は **3-15** を参照してください。

参考 quotesプロパティの値をinitialに設定すると、HTML要素のlang属性で設定された自然言語に合わせ、引用符が自動で挿入されます。たとえば、lang=jaの場合は引用符は一般的に「」や『』、lang=enの場合は" "や' 'となります。

HTML

```
<q>株式会社<q>富士通ラーニングメディア</q></q>
```

CSS

```
q { quotes : initial ; }
q::before { content: open-quote ; }
q::after { content: close-quote ; }
```

実行例（lang 属性の値が ja の場合）

「株式会社『富士通ラーニングメディア』」

実行例（lang 属性の値が en の場合）

"株式会社'富士通ラーニングメディア'"

解答 A

3章

要素

本章のポイント

▶ **要素と属性の意味（セマンティクス）**
要素と属性のセマンティクスを理解し、Webページを作成する方法についての理解を深めます。

重要キーワード
セクション、書式方向、ルビ、セマンティクス（挿入と削除、グルーピング、テキストレベル、リンクの関連性、言語、表）

▶ **メディア要素**
ビデオやオーディオなどのコンテンツをWebページで適切に活用する方法を扱います。

重要キーワード
ビデオ再生、オーディオ再生、ビデオ・オーディオコーデック、コンテナ、字幕

▶ **インタラクティブ要素**
ユーザが操作するコンテンツの扱い方について理解を深めます。

重要キーワード
ハイパーリンク、フォーム、フレーム、ディスクロージャーウィジェット

問題

3-1

重要度★★★

HTML Standardの要素の説明として、適切なものを3つ選びなさい。

A. HTML Standardでは、要素が意味的に正しく使用されていることが重要である
B. コンテンツモデルとは、各要素が内包できるコンテンツを定義したものである
C. トランスペアレントとは、親要素のコンテンツモデルを無視する要素を指す
D. Webページのスタイルを変更するために要素を使用してもよい
E. 要素は7種類のカテゴリに分類される

解説

HTML Standardの要素についての問題です。

HTML Standardでは**ドキュメント内の意味（セマンティクス）**を適切な要素でマークアップすることが重視されます。たとえば、strong要素内のテキストが太字になったり（**3-17**を参照）、ins要素内のテキストに下線が引かれたり（**3-9**を参照）しますが、そのようなスタイルの変更を目的として要素を使用することはせず、見出しは見出し要素、日付は日時を表す要素、箇条書きは箇条書きの要素を使うなど、意味的に正しい要素を使用することが重要です。

なお、HTML要素によってスタイルが変化するのは、CSSが存在しなかった時代からの名残です。

また、HTML Standardではほとんどの要素が**7つのコンテンツモデル（カテゴリ）**に分類されます。HTMLの要素は各カテゴリに厳密に分類されるわけではなく、多くの要素が複数のカテゴリに所属しています。なお、HTML 4.01時代のカテゴリの分類は**2-50**を参照してください。

カテゴリ分類の図と、各カテゴリの解説を以下に示します。

図：カテゴリの分類

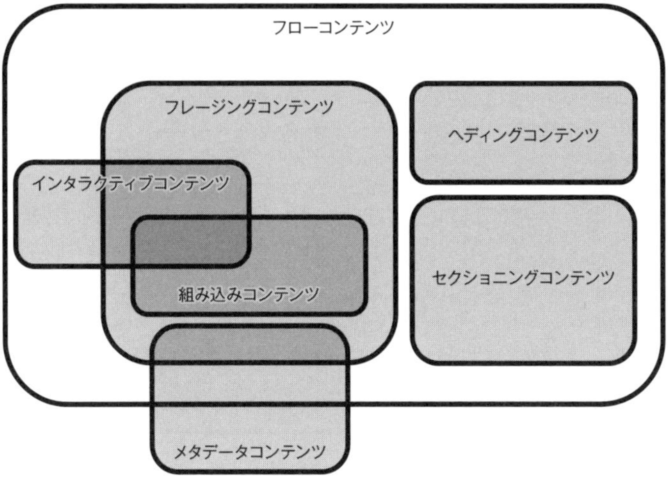

表：各カテゴリの解説

カテゴリ	説明
フローコンテンツ	ブラウザに表示する要素。ほとんどの要素を包含する
フレージングコンテンツ	テキストを構成する要素
セクショニングコンテンツ	セクションを構成する要素
ヘディングコンテンツ	見出しを構成する要素
組み込みコンテンツ	画像や動画を埋め込む要素
インタラクティブコンテンツ	ユーザが操作できる要素
メタデータコンテンツ	ページの情報を表す要素

トランスペアレントとは、親要素のコンテンツモデルを**受け継ぐ**要素のことです。たとえば、トランスペアレントであるa要素は親要素がフローコンテンツ（section要素など）であればフローコンテンツに、フレージングコンテンツ（p要素など）であればフレージングコンテンツになります。

HTML Standardでトランスペアレントとして定義されている要素を以下に示します。

トランスペアレントである要素

a要素	audio要素	canvas要素	del要素	ins要素	map要素
noscript要素		video要素	object要素		

よって、選択肢Cは誤りです。

解答 A, B, E

問題 3-2

重要度 ★★★

HTMLのセクションに関する説明として、正しいものを3つ選びなさい。

A. セクションは複数のタグをまとめた範囲を指し、文書構造上の意味を持たない
B. セクションの定義は明示的に行う必要があり、暗黙的な定義はできない
C. セクションはbody、section、article、aside、navのタグで明示的に定義できる
D. セクションは各々がそれ独自の見出し階層を持つことができる
E. セクションを入れ子にした場合、内側のセクションはh1要素を持つことができる

解説 セクションについての問題です。

セクションとは、見出しとそれに続くコンテンツによって構成され、**ドキュメントの章や節を表す**ものです。セクションがあることでWebページを構造化でき、コンピュータによる解析が行いやすくなります。**h1～h6**の要素の使用によって、暗黙的にセクションを定義できます。また、**section**、**article**、**aside**、**nav**などの要素による、明示的なセクションの定義も可能です。セクションは各々が独自に見出し階層を持つため、セクションを入れ子にした場合は、内側のセクションでh1～h6要素を持つことも可能です。

セクションの構造は、以下のルールに従って決定します。

セクション構造の決定ルール

1. **セクション内ではじめて現れる見出しが、そのセクションの見出しとなる**
2. **1の見出しと同じ、あるいは上のレベルの見出しは新しいセクションを始める**
3. **1の見出しよりレベルの低い見出しは、そのセクション内のサブセクションを始める**

解答 C, D, E

問題 3-3

重要度 ★★☆

セクショニングコンテンツとして、誤っているものを選びなさい。

A. aside　　B. nav
C. article　　D. div
E. section

□□□

解説 セクショニングコンテンツについての問題です。

セクショニングコンテンツとは、コンテンツモデルのうちの 1 つです。コンテンツモデルの詳細については **3-1** を参考にしてください。

セクショニングコンテンツを使用すると、文書構造を強化できます。HTML 文書内の文章を一定の範囲で区切る場合、見出しタグで章・節・項のようなまとまった区切り（セクション）を定義できます。上記に加え、セクショニングコンテンツを使用すると、セクションを明確に表現できます。HTML Standard では、見出しタグに加え、セクショニングコンテンツを使用することが推奨されています。

セクショニングコンテンツを利用することの利点は主に以下のとおりです。

・検索エンジンが文書構造を理解しやすくなり、検索順位の上昇につながる
・音声読み上げブラウザで「ナビゲーションメニュー部分を飛ばして本文の範囲を読み上げる」などの動作が可能になり、視覚障害者のユーザが Web サイトを利用しやすくなる

セクショニングコンテンツに属する HTML 要素を次に示します。各要素の詳細は **3-5** を参照してください。

セクショニングコンテンツに属する HTML 要素

article要素　aside要素　nav要素　section要素

一方で、div 要素はフローコンテンツに属します。フローコンテンツには body 要素内に定義できるほとんどの要素が属します。ほかのコンテンツモデルに属する要素はフローコンテンツにも属します。

解答 D

問題 3-4

重要度 ★★★

以下のソースコードの body 要素が構成するアウトラインとして、正しいものを選びなさい。

実行例

```
<body>
  <h1>猫と歩む歴史の旅</h1>
  <p>このページでは、謎に包まれた猫の歴史を解き明かし・・・</p>
  <section>
    <h2>ペットとして</h2>
    <p>古代エジプトにおいて、猫はバステトと呼ばれる・・・<p>
    <blockquote>
      <h1>バステト</h1>
      <p>バステトとは、猫の頭を持ったエジプトの神で・・・</p>
    </blockquote>
    <h2>食性について</h2>
    <p>猫は肉食性であり、野生の時代から小動物を食べて…</p>
  </section>
</body>
```

A. 1. 猫と歩む歴史の旅
        1. ペットとして
        2. バステト
        3. 食性について

B. 1. 猫と歩む歴史の旅
    2. ペットとして
    3. 食性について

C. 1. 猫と歩む歴史の旅
        1. ペットとして
            1. バステト
        2. 食性について

D. 1. 猫と歩む歴史の旅
    2. ペットとして
        1. バステト
    3. 食性について

E. 1. 猫と歩む歴史の旅
        1. ペットとして
        2. 食性について

□□□

解説 セクションとアウトラインについての問題です。

アウトラインとは、ドキュメント内の見出しを抜き出して、**セクションとその階層構造を一目でわかるようにしたもの**です。見出しには１～６のレベルが存在しますが、その順位はセクション内で閉じており、セクションの構造がアウトラインを決定します。また、blockquote、body、details、fieldset、figure、td などの**セクショニングルート**はそれ独自のアウトラインを持ち、その内部のセクションは祖先のアウトラインに影響を与えません。

問題文の実行イメージと、可視化されたアウトラインを以下に示します。

図：問題文のコードの実行イメージ

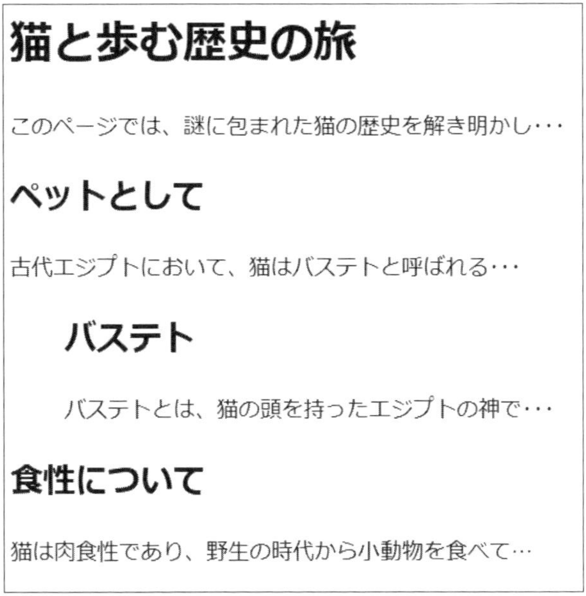
猫と歩む歴史の旅
このページでは、謎に包まれた猫の歴史を解き明かし･･･
ペットとして
古代エジプトにおいて、猫はバステトと呼ばれる･･･
バステト
バステトとは、猫の頭を持ったエジプトの神で･･･
食性について
猫は肉食性であり、野生の時代から小動物を食べて…

図：問題文のコードを可視化したアウトライン

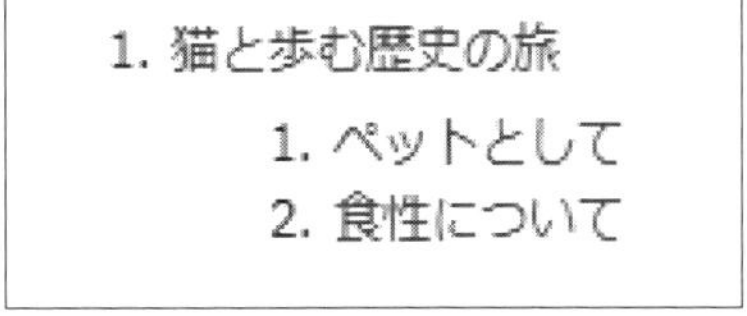
1. 猫と歩む歴史の旅
1. ペットとして
2. 食性について

※ セクショニングルートは2022年７月に廃止されました。旧仕様ですが、試験範囲に含まれているため、本問を掲載しています。

解答 E

問題 **3-5**

重要度 ★★☆

セクションに関連する要素の説明として、正しいものを3つ選びなさい。

A. article 要素が入れ子になっても、内側と外側の要素に関連性はない
B. header 要素をドキュメントの冒頭、footer 要素をドキュメントの最後に配置する必要はない
C. section 要素は意味を持つコンテンツのまとまりを表す
D. aside 要素は広告やサイドバーなど、メインコンテンツと関連性の薄いコンテンツのセクションを表す
E. h1、h2、h3、h4、h5、h6 要素はドキュメントの見出しを表し、小見出しや副題を表すために用いる

解説 セクションについての要素の問題です。

article 要素は、たとえば雑誌や新聞の記事、ブログの投稿などの、ドキュメント内で自己完結した構成物を表します。article 要素を入れ子にした場合は、内側の要素は外側の要素と関連した記事を表すため、選択肢 A は誤りです。

header 要素は導入部分やナビゲーションを表し、footer 要素には関連ドキュメントへのリンクや著作権情報などを記述します。どちらの要素も、直近の祖先であるセクショニングコンテンツのヘッダ・フッタを定義するため、header 要素をドキュメントの冒頭、footer 要素をドキュメントの最後に配置する必要はありません。

section 要素は、たとえば章立てや論文の番号つきセクションなど、**文章のアウトライン上で論理的な意味を持つコンテンツのまとまり**を表します。

aside 要素は、親要素のコンテンツに間接的に関連し、**そのコンテンツから分離させたいセクション**を表します。たとえば広告やサイドバー、補足記事などを表す際に使用します。

本問の選択肢には含まれていませんが、セクションを構成する要素の1つとして、address 要素があります。**address 要素は、直近の祖先の article 要素か body 要素に対する問い合わせ先情報**を意味します。address 要素は該当のセクションに対する問い合わせ先情報以外を含んではならず、ドキュメントの更新日時や著作権情報などを配置できません。

h1、h2、h3、h4、h5、h6 要素は該当セクションの見出しを表します。見出し要素は新しいセクションの開始を表すため、セクションを生成しない小見出しや副題に使用しないでください。そのため、選択肢 E は誤りです。

解答 B, C, D

問題 3-6

重要度 ★☆☆

書式方向に関する以下の説明文の空欄に当てはまる要素名を記述しなさい。

________ 要素で異なる書式方向が使用される可能性がある箇所を隔離することで、日本語・英語・アラビア語などの異なる書式方向の言語が混在する部分を正しく表示できる。

解説

書式方向についての問題です。

書式方向とは、テキストを記述する方向のことです。日本語（横書きの場合）や英語は左から右にテキストを記述しますが、アラビア語やヘブライ語のように右から左に記述する言語も存在します。そのような、書式方向が異なる言語が混在する箇所をbdi要素で隔離することで、周囲の書式方向に影響を与えずに正しくテキストを表示できます。

なお、書式方向を制御する方法として、CSSのunicode-bidiプロパティを用いる方法もあります（**2-46**を参照）。bdi要素とunicode-bidiプロパティでは、表示したときのスタイルは同じですが、bdi要素はセマンティクス（意味）を表現できます。

bdi要素の記述例を以下に示します。

bdi要素の記述例

```
<ol>
  <li>User <bdi>Ayumi</bdi> : 20 comments</li>
  <li>User <bdi>صدام</bdi>  : 7 comments</li>
  <li>User <bdi>François</bdi> : 14 comments</li>
</ol>
```

図：実行イメージ

1. User Ayumi : 20 comments
2. User صدام : 7 comments
3. User François : 14 comments

なお、テキストの書式方向を強制的に変更する場合はbdo要素を利用します。

bdo要素の記述例

```
<p><bdo dir="rtl">このテキストは右から左に読みます</bdo></p>
```

図：実行イメージ

すまみ読に左らか右はトスキテのこ

bdo 要素の dir 属性に右→左を表す rtl か、左→右を表す ltr を指定することで、要素内のテキストの書式方向を上書きできます。

解答 bdi

問題 3-7

重要度 ★★★

以下の図のように漢字に振り仮名を振るソースコードとして、正しいものを2つ選びなさい。

ジャイアントパンダ
大 熊 猫

A. <ruby> 大熊猫 </ruby><rt> ジャイアントパンダ </rt>
B. <ruby> 大熊猫 <rt> ジャイアントパンダ </rt></ruby>
C. <ruby> 大熊猫 <rp> ジャイアントパンダ </rp></ruby>
D. <ruby> 大熊猫 <rp>(</rp><rt> ジャイアントパンダ </rt><rp>)</rp></ruby>
E. <ruby> 大熊猫 <rt>(</rt><rp> ジャイアントパンダ </rp><rt>)/rt></ruby>

解説 振り仮名（ルビ）のマークアップについての問題です。

ruby 要素、rt 要素、rp 要素を使用することで、振り仮名を振ることができます。振り仮名の基本的な記述例を以下に示します。

振り仮名の記述例①

```
<ruby>熟語<rt>じゅくご</rt></ruby>
```

図：振り仮名の記述例①の実行イメージ

じゅくご
熟語

上記のように複数の文字に対してまとめて振り仮名を振るには、ruby 要素内のテキストに対して rt 要素で振り仮名をまとめて指定します。

振り仮名の記述例②

```
<ruby>熟<rt>じゅく</rt>語<rt>ご</rt></ruby>
```

図：振り仮名の記述例②の実行イメージ

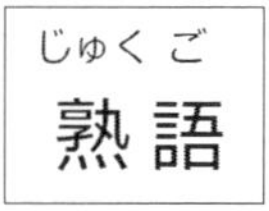

文字ごとに振り仮名を振る場合は、ruby 要素内の文字ごとに rt 要素で振り仮名を振ります。

振り仮名の記述例③

```
<ruby>熟語<rp>(</rp><rt>じゅくご</rt><rp>)</rp></ruby>
```

図：振り仮名の記述例③の実行イメージ

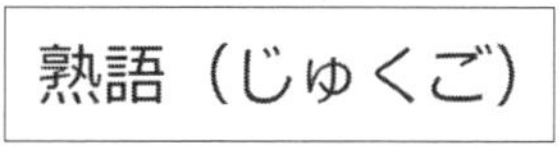

rp 要素は、ruby 要素をサポートしないブラウザで振り仮名の代替テキストを表示するために使用します。一般的に振り仮名全体を括弧で囲む方法が使用されています。

解答 B, D

問題 3-8

重要度 ★★★

漢字に振り仮名を振るソースコードとして、誤っているものを 2 つ選びなさい。

A. <ruby> 合言葉 <rt> あい <rt> こと <rt> ば </ruby>
B. <ruby> 合言葉 <rt> あいことば </ruby>
C. <ruby> 合 <rt> あい </rt> 言 <rt> こと </rt> 葉 <rt> ば </rt> </ruby>
D. <ruby> 合 <rt> あい言 <rt> こと葉 <rt> ば </ruby>
E. <ruby> 合言葉 <rp>(</rp><rt> あいことば </rt><rp>)</rp> </ruby>

解説 振り仮名のマークアップについての問題です。

振り仮名を振る対象のテキストに対して rt 要素で振り仮名を指定することで、

選択肢Cのように熟語に対して1文字ずつ振り仮名を振ることが可能です。

また、rt、rp、rb要素はその直後にrt、rp、rb要素が続く場合、あるいはruby要素内にそれ以上の要素が存在しない場合に**省略可能**です。

選択肢Aはテキストに対して振り仮名がはみ出すため、誤りです。また、選択肢Dはrt要素の終了タグを省略したことで、「合」に対して「あい言こと葉ば」という振り仮名が振られてしまうため、誤りです。

問題文のソースコードの実行イメージを以下に示します。

図：問題文のコードの実行イメージ

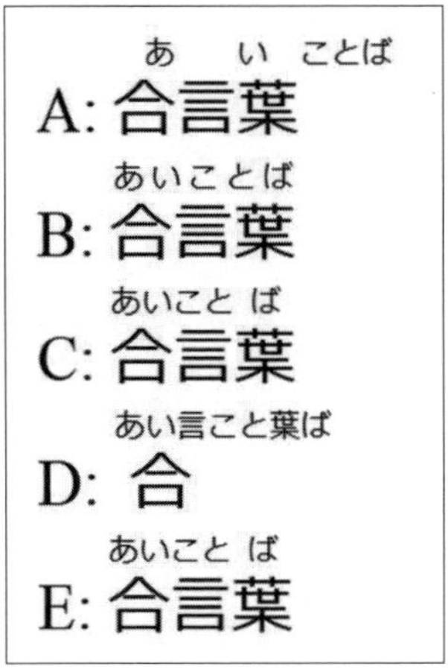

解答 A, D

問題 3-9

重要度 ★★☆

以下の図のように、ドキュメントに対する追加や修正を行う場合、以下のソースコードの①、②で使用する要素の組み合わせとして正しいものを選びなさい。

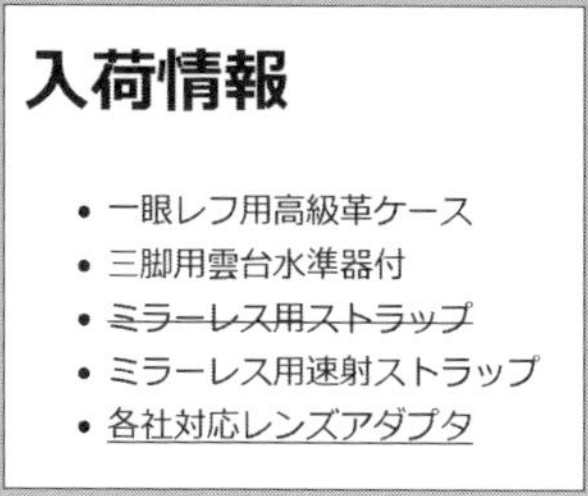

実行例

```
<h1>入荷情報</h1>
<ul>
  <li>一眼レフ用高級革ケース</li>
  <li>三脚用雲台水準器付</li>
  <li>[ ① ]ミラーレス用ストラップ[ ① ]</li>
  <li>ミラーレス用速射ストラップ</li>
  <li>[ ② ]各社対応レンズアダプタ[ ② ]</li>
</ul>
```

A. ① dl　① i
B. ① del　② i
C. ① dl　② input
D. ① del　② ins
E. ① dl　② ins

解説 挿入と削除についての問題です。

ins 要素、del 要素はドキュメントの修正に関連する要素です。**ins 要素はドキュメントに後から挿入されたテキスト**を意味し、**del 要素はドキュメントから削除されたテキスト**を表します。一般的なブラウザでは ins 要素は下線、del 要素は打消し線のスタイルが適用されますが、下線や打消し線を引くことが目的であれば CSS の text-decoration プロパティを使用してください（**2-45** を参照）。

選択肢中の dl は説明リストを表す要素、i は分類名、技術用語、多言語のフレーズなどを表す要素、input はフォームで利用する入力部品を表す要素であるため、誤りです。

解答 D

問題 3-10

重要度 ★★☆

main 要素の説明として、正しいものを 2 つ選びなさい。

A. ドキュメント内に複数の main 要素を使用できる
B. main 要素は、ドキュメントのアウトラインに影響を与える
C. main 要素は、ドキュメントのメインコンテンツを表す
D. main 要素にはそのページ固有のコンテンツを含み、著作権情報やサイトのバナー、ロゴ、ナビゲーションリンクなどは含まない
E. article、aside、footer、header、nav 要素の子要素に main 要素を含むことができる

解説 main 要素についての問題です。

main 要素は、そのドキュメントに固有で、中心的なコンテンツを表す要素です。ナビゲーションリンクや著作権情報、サイトのロゴやバナーなど、複数のドキュメントで使われるようなコンテンツは含みません。また、article、aside、footer、header、nav 要素の子要素として main 要素を含んではいけません。

main 要素はフローコンテンツであり、ドキュメントのアウトラインには影響を与えません。

hidden 属性が設定されていない限り、main 要素を複数使用してはいけません。

解答 C, D

問題 3-11

重要度 ★★☆

div 要素の使用例の説明として適切でないものを 3 つ選びなさい。

A. article や section など、ほかに適切な要素があっても div 要素を優先的に使う
B. class、id 属性と組み合わせて、スタイルやスクリプトの適用範囲を指定する
C. サイドバーや広告をマークアップするために使用する
D. ドキュメント内で言語が異なる部分を表すために lang 属性と組み合わせて使用する
E. article 要素内で、章立てを表すために使用する

解説 div 要素についての問題です。

div 要素は、ドキュメントをグループ化するための要素であり、**文書構造上の意味を何も持ちません。**スタイルやスクリプトの適用対象を示すために class 属性、id 属性と組み合わせたり、ドキュメント内で言語が異なる部分を表すために lang 属性を組み合わせたりして使用します。

そのため、**div 要素はほかに適切な要素がないときの最終手段**として使用することが強く推奨されているため、選択肢 A は誤りです。

選択肢 C のサイドバーや広告には nav、aside 要素、選択肢 E の article 要素内の章立てには section 要素など、これらの選択肢にはより適切な要素が存在するため誤りです。

解答 A, C, E

問題 3-12

重要度 ★☆☆

figure 要素、figcaption 要素の説明として、正しいものを選びなさい。

A. figure 要素は本文から参照される図表であり、本文から切り離すことはできない
B. figcaption 要素は figure 要素内に記述しなくてもよい
C. figure 要素内には figcaption 要素が必要である
D. figcaption 要素は figure 要素内のどこに配置してもよい
E. figure 要素内には img 要素が必要である

解説

figure 要素、figcaption 要素についての問題です。

figure 要素とは、ドキュメントの主な内容から参照される**自己完結型の図表**を表します。figure 要素はそれ自体で完結したコンテンツであるため、メインのフローに影響を与えず、別ページや付録として表示できるイラスト、グラフ、写真などに使用します。画像以外にも文章などを含むこともできます。

また、figure 要素内に **figcaption 要素**を記述することで、**figure 要素のコンテンツにキャプションを持たせる**ことができます。figcaption 要素が省略された場合は、その figure 要素はキャプションを持たないことになります。figcaption 要素は、figure 要素内であれば自由に配置が可能です。

figure 要素と figcaption 要素の簡単な記述例を以下に示します。

figure 要素、figcaption 要素の記述例

```
<p>先週の土曜日に近所の神社の境内で猫が昼寝していました。</p>
<figure>
  <img src="neko.jpg" alt="近所の神社の境内で猫が昼寝していました">
  <figcaption>昼寝する猫</figcaption>
</figure>
```

図：実行イメージ

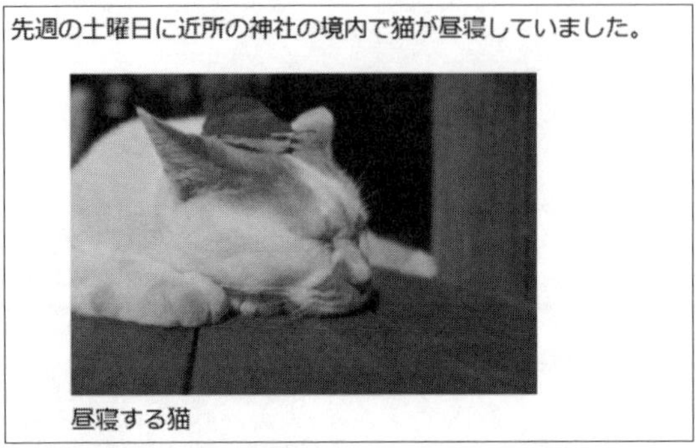
先週の土曜日に近所の神社の境内で猫が昼寝していました。
昼寝する猫

解答 D

問題 3-13

重要度 ★★★

以下の図のソースコード中の①②に当てはまる記述として、正しいものを選びなさい。

- Webページの構成要素
  1. HTML
  2. CSS
  3. JavaScript
  4. その他

実行例

```
<   ①   >
  <li>Webページの構成要素
    <   ②   >
      <li>HTML</li>
      <li>CSS</li>
      <li>JavaScript</li>
      <li>その他</li>
    </   ②   >
  </li>
</   ①   >
```

A. ① dl　　② ul
B. ① ul　　② ol
C. ① ol　　② dl
D. ① ol　　② ul
E. ① ul　　② dl

解説

リストについての問題です。

ol要素、ul要素は複数のアイテムのリストを表す要素です。ol要素はアイテムの並び順が意味を持つのに対して、ul要素はアイテムの順序に意味を持ちません。ol、ul要素内に**アイテムを表すli要素**を配置することで、リストを表すことができます。また、問題文のソースコードのようにリストを**入れ子構造**にすることも可能です。

簡単な記述例を以下に示します。

リストの記述例

```
<ol>
  <li>アイテム①</li>
  <li>アイテム②</li>
  <li>アイテム③</li>
</ol>
```

図：リストの実行例

1. アイテム①
2. アイテム②
3. アイテム③

解答 B

問題 3-14

重要度 ★★☆

以下の図のソースコード中の①②③に当てはまる記述として、正しいものを選びなさい。

HTML
　　Webページの文書構造
CSS
　　Webページのデザイン
Javascript
　　Webページの処理

実行例

```
<①>
  <②>HTML</②>
  <③>Webページの文書構造</③>
  …
</①>
```

A. ① dl	② dt	③ dd
B. ① dl	② dd	③ dt
C. ① dl	② li	③ dd
D. ① dd	② dt	③ dl
E. ① dd	② dl	③ dt

解説 説明リストについての問題です。

説明リストとは、用語とその説明の組み合わせのリストのことです。主に、用語集や、質問と回答の表示などに使用します。**dl 要素は説明リスト**を表し、**dt 要素が用語、dd 要素が用語に対する説明**を表します。dl 要素内に、0 個以上の dt 要素とそれに続く 1 個以上の dd 要素を記述します。

解答 A

問題 **3-15**　重要度 ★★☆

以下の説明に対する要素名の組み合わせとして、正しいものを選びなさい。

① テーマの変わり目を表す
② ドキュメント内の段落を表す
③ 他の情報源から引用されたコンテンツを表す
④ 整形済みのテキストを表す

A.	① var	② p	③ samp	④ source
B.	① hr	② p	③ samp	④ pre
C.	① p	② hr	③ blockquote	④ pre
D.	① hr	② p	③ blockquote	④ pre
E.	① var	② p	③ blockquote	④ source

解説　グルーピングのセマンティクスについての問題です。

段落レベルのテーマの変わり目を表すのは hr 要素です。物語のシーンの変化や、別のトピックへの話題の転換などを表すのに使用します。

ドキュメント内の段落を表すのは p 要素です。より限定された意味を持つ要素が使用できる際は、p 要素ではなくそれらの要素を使用します。

他の情報源から引用されたコンテンツは blockquote 要素で表します。**cite 要素で引用元の情報のタイトルや著者名**を示したり、cite 属性で引用元の URL を指定したりすることができます。

整形済みのテキストは pre 要素で表します。ソースコードやアスキーアートなど、半角スペースや改行が含まれるテキストをそのまま表示する場合に使用します。

また、選択肢に含まれる **var 要素**は数式やソースコード中の変数を表し、**samp 要素はコンピュータプログラムからの出力**を表す要素です。**source 要素**は picture、audio、video 要素に**複数のメディアリソースを指定する**際に使用する要素です。

そのため、選択肢 D が正解です。

解答　D

問題 3-16

重要度 ★☆☆

リンクタイプの説明として、正しいものを3つ選びなさい。

A. リンクタイプ stylesheet は外部スタイルシートを示す
B. リンクタイプ stylesheet は a 要素、area 要素に対して指定できる
C. リンクタイプ alternate は hreflang 属性と組み合わせることで、別言語のページを示す
D. リンクタイプは小文字でしか指定できない
E. link 要素、a 要素、area 要素の rel 属性に、半角スペース区切りで複数のリンクタイプを指定できる

解説

リンクタイプについての問題です。

リンクタイプとは、現在のドキュメントとリンク先の外部ファイルの関連性を表すキーワードです。指定する要素によって、指定できるリンクタイプが異なります。また、リンクタイプは大文字、小文字のどちらでも指定できます。

なお、link 要素、a 要素、area 要素で rel 属性を使用する場合に限り、rel 属性に半角スペース区切りで複数のリンクタイプを指定できます。

リンクタイプの一覧を以下に示します。

表：リンクタイプの一覧

リンクタイプ	説明	指定可否	
		link 要素	a 要素 area 要素
alternate	代替表現（別言語のページなど）	○	○
author	著者の情報	○	○
bookmark	直近の祖先のセクションへのパーマリンク	×	○
help	文脈依存のヘルプへのリンク	○	○
icon	現在のドキュメントを表すアイコン	○	×
license	著作権ライセンスに関するドキュメント	○	○
next	一連のシリーズ内の次のドキュメント	○	○
nofollow	リンク先のドキュメントを承認しないことを示す	×	○
noreferrer	リンク先に HTTP リファラを送信しないことを示す	×	○
prev	一連のシリーズ内の前のドキュメント	○	○
search	現在のドキュメントと関連ドキュメントを検索するためのリソースへのリンク	○	○
stylesheet	外部スタイルシート	○	×
tag	現在のドキュメントに適用されているタグ	×	○

rel 属性と hreflang 属性の組み合わせの記述例

```
<head>
  …
  <link rel="alternate" href="http://example.html/" hreflang="ja">
  <link rel="alternate" href="http://example.html/us"
hreflang="en">
  <link rel="alternate" href="http://example.html/france"
hreflang="fr">
  …
</head>
```

上記の例は、複数の言語用にページを用意している Web サイトの head 要素の記述例です。rel 属性の値に alternate を指定し、hreflang 属性でリンク先のページで使われている言語を指定しています。これによって、多言語サイトを国・地域別に正しく検索することができるようになります。

解答 A, C, E

問題 3-17

重要度 ★★★

テキストのマークアップに関する説明として、正しいものを3つ選びなさい。

A. em 要素はその内容が「緊急」である際に使用する
B. Copyright、免責事項、警告、法的規制、帰属は small 要素で表す
C. strong 要素や em 要素は入れ子にできない
D. 引用してきた文章は q 要素で表す
E. cite 要素は創作物の出典を表す要素である

□□□

解説

テキストのマークアップについての問題です。

em 要素はその内容を強調する際に使用します。**strong 要素は「重要」「深刻」「緊急」などの意味**を持ち、見出しや段落中の重要な箇所や緊急の通知や警告を表します。em、strong 要素は入れ子にすることによって、さらに強調度や重要度を高めることができます。

small 要素は Copyright、免責事項、警告、法的規制、帰属やライセンス要件など、**一般的に小さい文字で表記されるような内容**を表します。

q 要素はその内容がほかの情報源からの引用であることを示します。cite 属性によって引用元の URL や引用に関する情報を表すことも可能です。

また、**cite 要素は創作物の出典**を表し、引用元のタイトルや URL 参照などを含む必要があります。

なお、ほかの情報からの引用を表す要素として blockquote 要素が存在します。

q 要素は改行が必要ないような短い文章の引用を意味し、blockquote 要素は改行が必要な長文を引用する場合に用います（**3-15** を参照）。

解答 B, D, E

問題 3-18

重要度 ★☆☆

mark 要素の説明として、誤っているものを 2 つ選びなさい。

- **A.** Web サイトの検索結果を表示する際、検索キーワードをハイライトする際に使用できる
- **B.** 引用文において、引用者が重要だと思う箇所を目立たせるために使用する
- **C.** スペルミスのマークアップには、u 要素よりも mark 要素のほうが適している
- **D.** ソースコードなどの構文のハイライトには span 要素のほうが適している
- **E.** 中国語で固有名詞をマークアップする際に使用する

解説 mark 要素についての問題です。

mark 要素とは、別の文脈における関連性の参照を目的として**特定のテキストを目立たせる**場合に使用します。たとえば引用文の中では、引用元で作者が重要と考えた箇所ではなく、引用者が読者の注意を引くために目立たせたいテキストに使用します。また、検索結果画面における検索キーワードのように、ユーザの行動に特別な関係があるテキストにも使用できます。

引用文中のテキストを目立たせる記述例を以下に示します。なお、mark 要素には CSS で傍点が振られるよう設定されているとします。

mark 要素の使用例

```
<div>
  <blockquote>
    どこで生れたかとんと見当がつかぬ。
    何でも薄暗いじめじめした所でニャーニャー泣いていた事だけは
    記憶している。吾輩はここで始めて<mark>人間</mark>というものを見た。
    <br>
    <cite>
      夏目漱石『吾輩は猫である』（傍点引用者）
    </cite>
  </blockquote>
</div>
```

ソースコードなどの構文のハイライトには、span 要素のほうが適切です。span 要素はスタイルやスクリプトの適用対象を指定するために使用します（**3-29** を参照）。

また選択肢 C と E の場面では、u 要素のほうが適切です。u 要素はドキュメント内の伝わりにくいテキストや本来とは異なる表記を意味します。たとえば、中国語の固有名詞や、スペルミスなどをマークアップする際に使用します。

解答 C, E

問題 3-19

重要度 ★☆☆

以下の説明文について、空欄に当てはまる要素名を記述しなさい。

すでに正しくないか、関連性がなくなった情報を表すには［　　］要素を使う

□□□

解説

s 要素についての問題です。

s 要素とは、その内容がもう正確ではないか関連性がなくなったことを表します。たとえば、商品やサービスに新しい価格がつけられた場合など、以前の価格が正しくなくなった際に使用します。

情報の訂正のために削除されたことを表すには del 要素を使用してください。

s 要素の記述例を以下に示します。

s 要素の記述例

```
<p>新作映画公開！！</p>
<p><s>大人1名：1800円</s></p>
<p>【特別興行料金】<strong>大人1名:1300円</strong></p>
```

図：実行イメージ

新作映画公開！！

~~大人1名：1800円~~

【特別興行料金】**大人1名:1300円**

解答 S

問題 3-20

重要度 ★★☆

data 要素の使い方として、適切なものを 2 つ選びなさい。

A. <data value="hcj01d">HTML 入門
B. <data value="hcj02d">CSS 入門 </data>
C. <data>JavaScript 入門 </data>
D. <data value="39000">3 万 9 千円 </data>
E. <data value="1992-08-13">1992 年 8 月 13 日 </data>

解説 data 要素についての問題です。

data 要素は、その内容に対して**機械が識別可能なデータ**を加える際に使用します。ブラウザに表示される内容にデータ処理用の値を持たせることが可能になります。たとえば、商品名にデータ処理用の商品 id を指定する、商品の金額に計算用の数値を指定するといった場面で使用します。value 属性で**機械が識別可能なデータ**を指定するため、**data 要素には value 属性が必須**です。

また、指定する値が日付や時間に関連している場合は、より意味が特定された time 要素を使用できます。time 要素については、**3-21** の解説をご確認ください。

data 要素の終了タグは省略できないため、選択肢 A は誤りです。また、選択肢 E は値として時間を扱っているため、time 要素を使用するのが適切です。

解答 B, D

問題 3-21

重要度 ★★★

time 要素の記述として、正しいものを 3 つ選びなさい。

A. <time>2023/10/14 21:50:34</time>
B. <time>2023-10-14T21:50:34</time>
C. <time datetime="2023-10-14"> 昨日 </time>
D. <time datetime="2023-10-14 21:50:34"> 昨日 </time>
E. <time> 昨日 </time>

解説 time 要素についての問題です。

time 要素は、日時を表す際に使用する要素です。time 要素内、あるいは datetime 属性に日時の値を指定することで、機械が識別可能な日時情報を表します。

time 要素の記述例と機械が識別可能な日時の書式を以下に示します。

time 要素の記述例①

```
<time>2023-01-01</time>
```

time 要素を使って機械が識別可能な日時値をマークアップし、正確な日付や時刻を表します。datetime 属性がない場合は、time 要素に子要素を持ってはいけません。

time 要素の記述例②

```
<time datetime="2023-01-01">正月</time>
```

datetime 属性に機械が識別可能な日時値を指定することで、日時以外の内容を time 要素内に記述できます。

表：機械が識別可能な日時の書式

書式	説明
2023-01	年月
2023-01-01	年月日
01-01	月日
13:26	時刻
13:26:05	
13:26:05.455	
2023-01-01T13:26	年月日と時刻 ※年月日と時刻の間は T か半角スペース
2023-01-01 13:26	
2023-01-01T13:26:05	
2023-01-01 13:26:05	
Z（グリニッジ標準時）	タイムゾーン
+0900（+09:00 も可）	
-0900（-09:00 も可）	
2023-01-01T13:26:05Z	グローバル日時 ※年月日、時刻、タイムゾーンの組み合わせ ※年月日と時刻の間は T か半角スペース
2023-01-01T13:26:05+0900	
2023-01-01T13:26:05+09:00	
2023-01-01 13:26:05Z	
2023-01-01 13:26:05+0900	
2023-01-01 13:26:05+09:00	
2023-W1	週
P1DT4H18M3S（28 時間 18 分 3 秒）	時間
4h 18m 3s	
2023	4 桁以上の数値、"0" でない数値が少なくとも 1 つ

解答 B, C, D

問題 3-22

重要度 ★☆☆

abbr 要素、dfn 要素の説明として、正しいものを 3 つ選びなさい。

A. abbr 要素の title 属性は特別な意味を持たない
B. abbr 要素は略語や頭文字を意味し、正式名称を title 属性で指定できる
C. dfn 要素の title 属性は、定義の対象となる用語を表す
D. dfn 要素で対象とした用語には、必ず定義が必要である
E. dfn 要素が title 属性を持つ abbr 要素を持つ場合、abbr 要素の内容が定義の対象となる

解説 abbr 要素、dfn 要素についての問題です。

abbr 要素は、略語や頭文字を意味する要素です。abbr 要素の title 属性は特別な意味を持ち、略語や頭文字の正式名称を指定することができます。また、**title 属性には略語の正式名称しか指定してはいけません。**

dfn 要素は、その内容が定義の対象となることを意味します。dfn 要素を含む段落（p 要素）、説明リスト（dl 要素）、セクション（section 要素）などは、dfn 要素で指定された用語の定義を含む必要があります。dfn 要素で定義の対象となる用語は、以下のように決まります。

- **dfn要素がtitle属性を持つ場合、その値が定義の対象となる**
- **dfn要素が子要素にtitle属性を持つabbr要素を含む場合、その属性の値が定義の対象となる**
- **上記に当てはまらない場合、 dfn要素の内容が定義の対象となる**

abbr 要素と dfn 要素の記述例を以下に示します。

abbr 要素の記述例

```
<abbr title="HyperText Markup Language">HTML</abbr>
```

abbr 要素でマークアップした略語、頭文字の正式名称を title 属性に指定します。上記の例は HTML の正式名称が HyperText Markup Language であることを意味しています。

dfn 要素の記述例

```
<p>
  <dfn>HyperText Markup Language</dfn>
  とはWebページ作成用の言語です
</p>
```

dfn 要素が title 属性や abbr 要素を持たない場合、その内容が定義の対象となります。上記の例は HyperText Markup Language が定義対象の用語となっており、親要素の p 要素で定義をしています。

abbr 要素、dfn 要素の記述例

```
<p><dfn><abbr title="HyperText Markup Language">HTML
</abbr></dfn>とはWebページ作成用の言語です</p>
```

dfn 要素内に abbr 要素を配置することで、略語の正式名称を定義対象とすることができます。上記の例は HTML の正式名称である HyperText Markup Language が定義対象の用語であることを意味します。

解答 B, C, D

問題 3-23

重要度 ★☆☆

プログラミング言語のスニペット（断片）を表す要素として、最適なものを選びなさい。

A. code　　**B.** samp
C. var　　**D.** dfn
E. mark

解説

code 要素についての問題です。

code 要素はコンピュータコードの断片を表す要素です。XML 要素名、ファイル名、コンピュータプログラムのほか、コンピュータが認識する文字列などを意味します。

samp 要素の解説は **3-24**、var 要素の解説は **3-15**、dfn 要素の解説は **3-22**、mark 要素の解説は **3-18** の解説を参照してください。

解答 A

問題 3-24

重要度 ★☆☆

ほかのプログラムやコンピューティングシステムからのサンプルあるいは引用された出力を意味する要素名を答えなさい。

解説 samp要素についての問題です。

samp要素は、プログラムやコンピューティングシステムからの出力を意味します。

解答 samp

問題 3-25

重要度 ★☆☆

kbd要素の説明として、正しいものを2つ選びなさい。

A. kbd要素はユーザの入力を表す
B. kbd要素は入れ子にできない
C. kbd要素内にsamp要素を配置した場合、kbd要素はシステムが入力に基づいて表示した内容を示す
D. kbd要素は音声入力やメニュー選択を表すこともできる
E. samp要素内にkbd要素を配置することはできない

解説 kbd要素についての問題です。

kbd要素は、ユーザ入力を表します。一般的にはキーボードによる入力を意味しますが、そのほかにも音声入力やメニュー選択などもユーザ入力として扱います。kbd入力は**使用方法によって表す内容が変化**します。

kbd入力の記述例を以下に示します。

kbd要素の記述例①

```
<p>画面上で<kbd>ipconfig</kbd>と入力してください。</p>
```

kbd要素を単体で使用すると、ユーザに入力してもらう内容を表します。上記の例は、ユーザにipconfigと入力することを促しています。

kbd要素の記述例②

```
コピーのショートカットキーは、<kbd><kbd>Ctrl</kbd>+<kbd>C</kbd></kbd>です。
```

kbd 要素を入れ子にすることで、複数のキー操作からなるキー入力を表します。

kbd 要素の記述例③

```
<p>上記内容の詳細はメニューから<kbd><samp>契約詳細</samp></kbd>を選択してください。</p>
```

kbd 要素内に samp 要素を配置することで、**システムの出力に基づいた入力**を意味します。たとえば上記のようなメニューアイテムの選択を表します。

kbd 要素の記述例④

```
<p><kbd>ユーザ名</kbd>を入力してログインすると、ログイン後画面に<samp>ようこそ<kbd>ユーザ名</kbd>さん</samp>と出力されます。</p>
```

samp 要素内の kbd 要素は、システムの出力内のユーザが入力した部分を示すことができます。上記項目はログイン後の画面に表示されるメッセージのうち、「ユーザ名」はユーザが入力した値であることを示します。

解答 A, D

問題 3-26

重要度 ★★☆

b 要素の使い方の説明として、正しいものを 3 つ選びなさい。

A. テキストの強調を表す
B. テキストを太字にするために用いる
C. レビュー記事の製品名などをマークアップする
D. b 要素以外に適切な要素が存在しない場合の最後の手段として使用する
E. 重要性はなく、注意だけを引きたいテキストに使用する

解説 b 要素についての問題です。

b 要素は、特に重要性を意図せず、ドキュメントの概要内のキーワードやレビュー記事内の製品名など、**注意だけを引きたいテキストに使用**します。強調を表す em 要素、重要性を表す strong 要素、ハイライトを表す mark 要素など、ほかに適切な要素が存在する場合はそれらを使用することをお勧めします。**ほかの要素のいずれにも当てはまらない場合の最終手段として使用してください。**

また、HTML5 以前はテキストを太字にするための要素として利用されていましたが、現在は意味が変わっているので注意してください。文字を太字にする場合は、CSS の font-weight プロパティを使います（**2-37** を参照）。

解答 C, D, E

問題 3-27

重要度 ★★★

i 要素でマークアップするテキストとして、正しいものを選びなさい。

A. 重要なテキスト
B. 技術用語
C. 取り消された用語
D. ライセンス要件
E. すでに不正確な用語

解説 i 要素についての問題です。

i 要素は、ほかの箇所とは質の異なるテキストを表します。たとえば、技術用語、別の言語のフレーズなどで使用されます。ほかの言語のフレーズを表す際は、lang 属性を使用することができます。class 属性に分類名を指定することで、特定の用途で使われている i 要素のスタイルをまとめて変更できます。

なお、選択肢 A は strong 要素、選択肢 C は del 要素、選択肢 D は small 要素、選択肢 E は s 要素で表現すべきテキストです。

解答 B

問題 3-28

重要度 ★★☆

「二酸化炭素：CO_2」と表示するための適切な要素名を空欄に記述しなさい。

実行例

```
二酸化炭素：CO<[      ]>2</[      ]>
```

解説 sub 要素、sup 要素についての問題です。

sub 要素は下付き文字、sup 要素は上付き文字を表します。これらの要素は、**特定の意味を持つ表記規則を表す**ためだけに使用します。たとえば化学式や数式の一部、特定の言語で利用される場合などを除き、デザインを目的としてこれらの要素は使用しないでください。

なお、数式のマークアップに適したMathMLという言語が存在します。たとえば、MathML を使用すると、$\sqrt{\frac{b^2-4ac}{4a^2}}$ など、数学特有な式を表現できます。本問の CO_2 や x^2 など、**下付き文字や上付き文字などで表現できる単純な数式**の場合は、sub 要素、sup 要素を利用します。

問題のソースコードの実行イメージを以下に示します。

図：実行イメージ

二酸化炭素：CO_2

解答 sub

問題 3-29

重要度 ★★★

span 要素の使用場面として、適切なものを 3 つ選びなさい。

A. class 属性と組み合わせ、スタイルの適用範囲を指定する
B. ほかと区別したいテキストを指定する
C. lang 属性と組み合わせ、ほかの言語で書かれた範囲であることを示す
D. id 属性と組み合わせ、スクリプトの適用対象を指定する
E. 強調を意図したテキストを表す

解説 span 要素についての問題です。

span 要素は、それ自身では何も意味を表しません。class、lang、id 属性などと組み合わせて、スタイルやスクリプトの適用範囲を指定します。もし、強調やほかのテキストと区別したいテキストなど、**ほかに適した要素がある場合はそちらを使用してください**（3-17 ～ 3-28 を参照）。

解答 A, C, D

問題 3-30

重要度 ★☆☆

br 要素、wbr 要素の説明として、誤っているものを 2 つ選びなさい。

A. br 要素は改行を表す
B. br 要素は改段落にも使用できる
C. 行間の調整など、デザインを目的に br 要素を使用しない
D. wbr 要素はテキスト内で改行してもよい位置を示す
E. wbr 要素を指定した箇所で必ず改行する

解説 br 要素、wbr 要素についての問題です。

br 要素は改行を意味します。詩など、**改行がコンテンツの一部である場合のみ、使用することが可能**です。そのため、意味的に段落として分割するのがふさわしい場合は p 要素を使用します。また、行間の調整などのデザインを目的に br 要素を使用してはいけません。

wbr 要素は改行してもよい箇所を表します。たとえば、英単語などは途中で改行が禁止されており、通常は表示領域を超えても改行されずに表示されます。単語内の改行してもよい箇所に wbr 要素を配置することで、その箇所での改行を許可します。

実際に改行されるかは、テキストの長さや表示領域の幅などに依存するため、指定した箇所で必ずしも改行するとは限りません。ただし、日本語・中国語・韓国語は英語の改行ルールと異なるため、wbr 要素では改行されません。

wbr の記述例を以下に示します。なお、日本語では環境により wbr 要素の挙動が異なるため、バンコクの正式名称を例に記述例を解説します。

wbr 要素の記述例

```
<style>
  p{
    width: 150px;
    border: 1px solid #ff0000;
  }
</style>

<h2>バンコクの正式名称</h2>
<p>Krungthep<wbr>mahanakon<wbr>bowornratanakosin<wbr>mahintarayudy
aya<wbr>mahadilopo<wbr>...</p>
```

図：実行イメージ

上記の例は CSS の width プロパティで表示領域を 150px に制限していますが、表示される単語内の区切れ目に wbr 要素を配置しています。これによって表示領域内で必要に応じて改行が行われます。

解答 B, E

問題 **3-31**

重要度 ★★★

表を定義する以下のソースコード中でtfoot要素を記述する位置として、正しい箇所を選びなさい。

実行例

```
<table>
  ①
  <caption>…</caption>
  ②
  <colgroup>…</colgroup>
  ③
  <thead>…</thead>
  ④
  <tbody>…</tbody>
  ⑤
</table>
```

A. ①　　B. ②
C. ③　　D. ④
E. ⑤

解説

table要素内の要素の配置順についての問題です。
table要素内で要素を配置する順序は以下のように定義されています。

table要素内で要素を配置する順序

① caption要素（任意）
② colgroup要素：0個以上
③ thead要素（任意）
④ tbody要素：0個以上、あるいはtr要素を1個以上
⑤ tfoot要素（任意）

caption要素は表のタイトルを表します。**colgroup要素**は列をグループ化する要素です。span属性やcol要素を使い、列をグループ化して列単位でスタイルを指定できるようになります。colgroup要素、col要素については、**3-34**の解説を参照してください。

tbody要素は表の本体を表し、table要素内に必要な数だけ配置することができます。なお、table要素直下に行を表すtr要素が存在する場合は、tbody要素を使用できません。

thead要素は表のヘッダ部、**tfoot要素**は表のフッタ部を意味し、必要に応じてtbody要素の前後に配置可能です。tfoot要素はtbody要素の後ろに配置する必要があります。

解答 E

問題 3-32

重要度 ★★★

table 要素の定義の説明として、正しいものを 3 つ選びなさい。

A. 表の定義は Web ページのレイアウト目的で使うべきではない
B. border 属性を指定して、レイアウト目的で表を使用していないことを明示する必要がある
C. summary 属性で、表の説明を明示する必要がある
D. tr 要素を子要素として持てる
E. table 要素内に tbody 要素、tfoot 要素を配置できる

□□□

解説 表の定義についての問題です。

歴史的に、多くの Web ページでレイアウト目的に表が定義されていましたが、それによってソースコードが複雑になりメンテナンス性が低下する、音声読み上げソフト（スクリーンリーダ）の対応が難しくなるなどの問題がありました。そのため、現在は**レイアウト目的に表を使うべきでない**とされています。

かつて table 要素には、border 属性や summary 属性などの属性がありましたが、廃止されています。なお、border 属性は枠線の表示や表がレイアウト目的に使用されていないことを明示するために使われていました。summary 属性は要約を記述するために使われていました。

もしレイアウト目的に表を使用する場合は、role="presentation" という属性の指定が必要です。

table 要素は子要素として tr 要素や tbody 要素、tfoot 要素などを持つことができます。

解答 A, D, E

問題 3-33

重要度 ★★★

以下の表を定義したソースコード中の①②③に当てはまる要素名の組み合わせとして、正しいものを選びなさい。

珍しい猫	
種類	**説明**
イリオモテヤマネコ	沖縄県西表島で発見された猫

ソースコード

```
<table border="1">
  <caption>珍しい猫</caption>
  <[ ① ]><[ ② ]>種類</[ ② ]><[ ② ]>説明</[ ② ]></[ ① ]>
  <[ ① ]><[ ③ ]>イリオモテヤマネコ</[ ③ ]><[ ③ ]>沖縄県西表島で発見さ
れた猫</[ ③ ]></[ ① ]>
</table>
```

A. ① td　② th　③ tr
B. ① tr　② td　③ th
C. ① tr　② th　③ td
D. ① th　② td　③ tr
E. ① th　② tr　③ td

解説

表の定義についての問題です。

HTML の表を構成する要素として、**表全体、行、セル**の 3 つがあげられます。HTML における表は、セルで区切られた行を複数積み重ねて定義します。table 要素は表全体を表し、その内部に行やセルを意味する要素を配置することで表を定義します。

tr 要素は表の 1 行を意味します。表のセルは見出しとデータに分類され、見出しは th 要素、データは td 要素で定義します。また、colspan 属性、rowspan 属性を使い、セルを結合することもできます。

表の記述例を以下に示します。

表の記述例

```
<table border="1">
  <caption>表のタイトル</caption>
  <tr><th>見出し１</th><th>見出し２</th></tr>
  <tr><td>データ１</td><td>データ２</td></tr>
</table>
```

上記のように、table 要素内で tr 要素を使って行を定義します。さらに、th 要素、td 要素を使って tr 要素内をセルに分割することで、表を定義しています。

図：実行イメージ

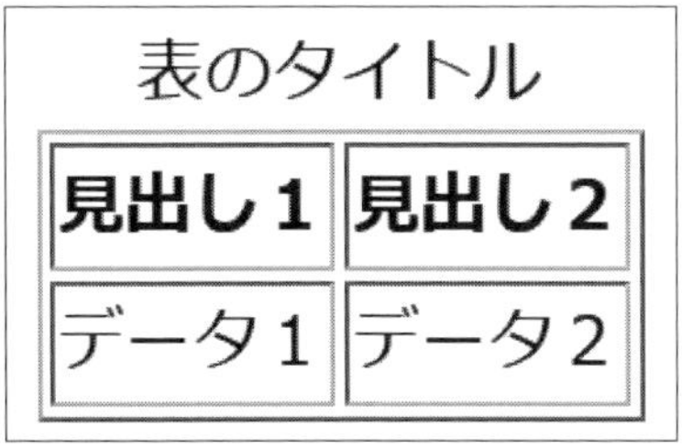

列の結合の記述例

```
<table border="1">
  <caption>表のタイトル</caption>
  <tr><th colspan="2">見出し</th></tr>
  <tr><td>データ１</td><td>データ２</td></tr>
</table>
```

セルを横方向に結合する場合は、列を結合すると考えます。結合するセルのうち、最初に記述するセルに colspan 属性を指定し、残りのセルの記述を省略することでセルを横方向に結合できます。なお、colspan 属性の値には結合したいセルの数を指定します。

図：列の結合の記述例の実行イメージ

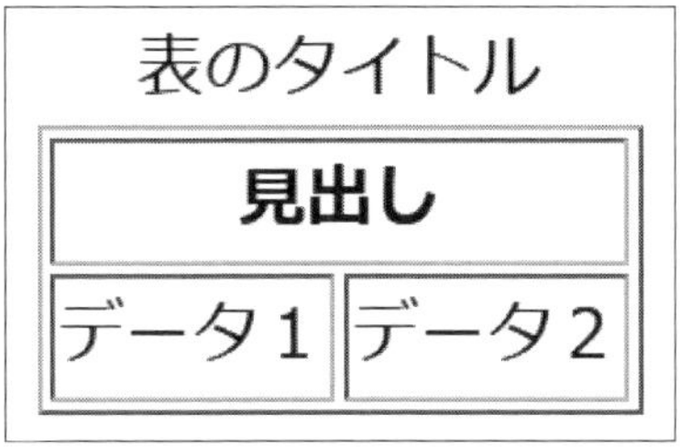

行の結合の記述例

```
<table border="1">
  <caption>表のタイトル</caption>
  <tr><th rowspan="2">見出し</th><td>データ１</td></tr>
  <tr><td>データ２</td></tr>
</table>
```

セルを縦方向に結合する場合は、行を結合すると考えます。行の結合の考え方は、基本的に列の結合と同じです。結合するセルのうち、最初のセルにrowspan属性を指定し、残りのセルを省略することでセルを縦方向に結合します。行と列の結合を行う際は記述を省略するセルの位置に注意してください。

図：行の結合の記述例の実行イメージ

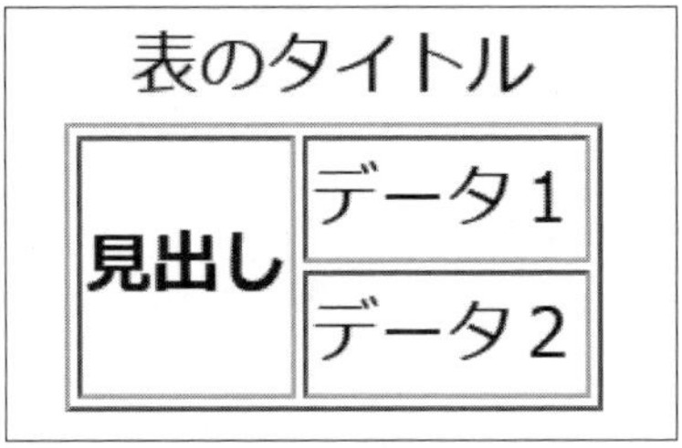

※ table要素のborder属性は非推奨ですが、図を見やすくするために使用しています（**3-32**を参照）。

解答 C

問題 3-34

重要度 ★★☆

以下のように表のグループ化を行うソースコードについて、①②③に当てはまる記述の組み合わせとして、正しいものを2つ選びなさい。

荷物リスト

荷物	必要数	チェック
着替え	4日分	●
洗面用具	1セット	

グループ1（荷物・必要数）　グループ2（チェック）

ソースコード

```
<[   ①   ]>
  <col[   ②   ]>
  <col[   ③   ]>
</[   ①   ]>
```

A. ① tr　② colspan="2"　③ colspan="1"
B. ① tr　② span="2"　③省略
C. ① colgroup　② span="2"　③ span="1"
D. ① colgroup　② span="2"　③省略
E. ① colgroup　② colspan="2"　③ colspan="1"

解説

表のグループ化についての問題です。

colgroup要素やcol要素を使用することで、列を意味のあるまとまりとしてグループ化することができます。colgroup要素のspan属性で列数を指定するか、colgroup要素内にcol要素を配置することでグループ化します。

それぞれの方法の記述例を以下に示します。

図：グループ分けイメージ

colgroup 要素によるグループ分けの記述例

```
<colgroup span="1"></colgroup>
<colgroup span="2"></colgroup>
<colgroup span="2"></colgroup>
```

グループごとに colgroup 要素を配置し、span 属性でグループ化する列数を指定します。

col 要素によるグループ分けの記述例

```
<colgroup>
  <col span="1">
  <col span="2">
  <col span="2">
</colgroup>
```

colgroup 要素内にグループごとに col 要素を配置します。グループ化する列数は span 属性で指定します。また、span 要素を省略した場合は 1 列を指定したものとみなされます。

解答 C, D

問題 3-35

重要度 ★★★

Web ページに画像を埋め込む記述として、適切なものを選びなさい。

A. <img>
B. <img src="sample.jpg">
C. <img src="sample.jpg" alt=" サンプル画像 ">
D. <img alt=" サンプル画像 ">
E. <img src="sample.jpg" alt=" サンプル画像 " border="0">

解説 img 要素についての問題です。

img 要素は、ドキュメントに画像データを埋め込む要素です。

img 要素に埋め込む画像データは src 属性で指定します。src 属性は必須属性であり、省略できません。

alt 属性には画像を説明する代替テキストを指定します。指定した画像がダウンロードできない、フォーマットが未対応などの理由で表示できない場合に、alt 属性にしたテキストが代わりに表示されます。また、音声読み上げブラウザなどで閲覧された場合にも alt 属性のテキストが利用されます。alt 属性は省略可能ですが、このような理由から可能な限り指定すべきです。

なお、img 要素の border 属性は廃止されているため、選択肢 E は誤りです。

解答 C

問題 3-36

重要度 ★★★

以下のソースコードに関する説明として、正しいものを 2 つ選びなさい。

実行例

```
<picture>
  <source srcset="sample1.png" media="(min-width: 600px)">
  <source srcset="sample2.png" media="(min-width: 300px)">
  <img src="sample.png" alt="サンプル画像">
</picture>
```

A. source 要素に指定した画像が一定時間ごとに切り替わる
B. picture 要素がサポートされないブラウザでは img 要素の画像のみ表示される
C. picture 要素がサポートされないブラウザではすべての画像が表示される
D. media 属性で指定した条件に従って、表示される画像が切り替わる
E. img 要素は picture 要素内の先頭に配置するべきである

解説 picture 要素についての問題です。

picture 要素とは、その要素内の img 要素に対して複数のリソースを指定するための要素です。picture 要素内の source 要素の media 属性に指定した、viewport の横幅などの条件に応じて、使用すべきリソースを切り替えることができます。picture 要素内に、source 要素で表示候補となる画像データを必要数配置し、最後に img 要素を配置します。なお、img 要素を source 要素の前に配置すると、画像の切り替えが行われなくなるため不適切です。

picture 要素に対応したブラウザであれば、media 属性の条件に応じて表示される画像が切り替わります。一方、picture 要素に未対応のブラウザでは img 要素の画像のみが表示されます。

解答 B, D

問題 3-37

重要度 ★★☆

script 要素、noscript 要素の説明として、誤っているものを3つ選びなさい。

A. script 要素は head 要素、body 要素のどちらにも配置できる
B. script 言語が JavaScript の場合、type 属性の指定が必須である
C. noscript 要素内の内容は、スクリプトをサポートしないブラウザで使用される
D. noscript 要素と script 要素は併存できない
E. script 要素内のスクリプト実行タイミングは制御できない

解説 script 要素、noscript 要素についての問題です。

script 要素とは、ドキュメント内にスクリプトを埋め込む要素です。script 要素内に直接スクリプトを記述することもできますが、外部ファイルを src 属性で指定して読み込むことも可能です。type 属性で使用するスクリプト言語を指定することが必要ですが、JavaScript を使用する場合は type 属性を省略できます。script 要素は head 要素、body 要素のどちらにも配置できます。

async 属性、defer 属性を指定することで、スクリプトの実行タイミングを制御できます。これらの属性については **4-19** の解説を参照してください。

noscript 要素は、スクリプトが無効の環境で実行する内容を表します。スクリプトがサポートされていない場合に、別ページにリダイレクトしたり、異なるスタイルを適用させたりする際に使用します。同じ HTML 内に noscript 要素と script 要素を併存させることができます。

解答 B, D, E

問題 3-38

重要度 ★☆☆

リストの一部をスクリプトから操作可能なテンプレートにする場合、以下の空欄に当てはまる要素名を記述しなさい。

実行例

```
<ul>
    <[        ] id="item">
        <li>template要素をサポートしていません</li>
    </[        ]>
</ul>
```

□□□

解説 template 要素についての問題です。

template 要素とは、スクリプトによって複製、挿入が可能な HTML の断片を表します。template 要素は JavaScript などのスクリプトと組み合わせて使用することで、あらかじめテンプレート化した表やリストの部品を複製して、サーバから届いた新たなデータを組み込んだうえで HTML に追加するなどの処理が可能になります（JavaScript プログラミングについては試験の出題範囲外です）。また、template 要素が利用可能な環境では、JavaScript で操作しない限り、その子要素は表示されません。一方、template 要素に未対応の環境では、template 要素が無視されるため、子要素が表示されます。そのため、template 要素の子要素として、非対応ブラウザで表示する内容を記述することもできます。

template 要素内にはメタデータコンテンツ、フローコンテンツのほか、以下の要素内に記述可能な内容を配置できます。

ol要素	ul要素	dl要素	table要素	colgroup要素
thead要素	tbody要素	tfoot要素	tr要素	figure要素
ruby要素	object要素	video要素	audio要素	fieldset要素
select要素	details要素	menu要素		

解答 template

問題 3-39

重要度 ★★★

以下の属性のうち、グローバル属性を3つ選びなさい。

A. dir　　B. id
C. rel　　D. type
E. title

解説

グローバル属性についての問題です。
グローバル属性とは、すべての要素に指定できる属性のことです。
HTML Standard で定義されているグローバル属性の一覧を以下に示します。

表：HTML Standard で定義されているグローバル属性の一覧

属性名	属性の意味	指定可能な値
accesskey	アクセスキー	任意のキー
class	要素の分類名	テキスト
contenteditable	要素内容の編集可否	true か false
dir	要素内の書式方向	ltr、rtl、auto のいずれか
draggable	要素がドラッグ可能かどうか	true か false
hidden	要素を表示しない	属性名のみで指定可能
id	要素の ID（固有の識別子）	テキスト
lang	要素内で使用される言語	言語を表すキーワード（**3-40** を参照）
spellcheck	要素内容のスペルチェックの有無	true か false
style	要素に直接スタイルを記述する	CSS の宣言
tabindex	Tab キーによる移動順序	整数
title	要素の補足情報	テキスト
translate	要素が翻訳対象かどうか	yes か no

解答 A, B, E

問題 3-40

重要度 ★★☆

HTML 文書が日本語で記述されていることを表す際、下記の空欄に当てはまる属性名を記述しなさい。

実行例

```
<!DOCTYPE html>
<html ________="ja">
…
</html>
```

□□□

解説 lang 属性についての問題です。

lang 属性は、要素内容で使用される言語を表し、ブラウザの翻訳機能などでも使われます。lang 属性はグローバル属性であり、すべての要素に記述することができます。

一般的に html 要素に記述し、ドキュメント全体の言語を指定します。また、ページ内の一部が別言語で記述されている場合にも lang 属性を使用します。lang 属性の値には、たとえば日本語であれば "ja"、英語は "en" などの言語を表すキーワードを指定します。

解答 lang

問題 3-41

重要度 ★★★

id 属性、class 属性の説明として、正しいものを 3 つ選びなさい。

A. id 属性は要素に識別子をつける属性であり、ドキュメント内で同じ値を複数使用できる
B. id 属性の値に空白文字を含んではいけない
C. class 属性は要素が属する種類・分類名を表す
D. class 属性に複数の値を指定するには、値をカンマ（,）で区切る
E. class 属性は複数の要素に同じ値を指定できる

□□□

解説 id 属性、class 属性についての問題です。

id 属性は要素に固有の識別子を一意に指定するグローバル属性です。ページ内リンクの実装や、ドキュメント内の要素を指定する際に使用します。id 属性は一

意の識別名なので、ドキュメント内の複数の要素に同じ値を指定することはできません。また、id 属性の値に空白文字は含められません。

class 属性は要素の種類・分類を指定するグローバル属性です。種類・分類を表すため、id 属性とは対照的に、ドキュメント内の複数の要素に同じ値を指定できます。また、空白文字で区切ることによって、class 属性に複数の値を指定できます。

解答 B, C, E

問題 3-42

重要度 ★★☆

動画を再生するために使用する要素として、正しいものを選びなさい。

A. audio
B. video
C. img
D. track
E. canvas

解説

video 要素についての問題です。
video 要素は動画を再生するために使用します。
video 要素の主な属性を以下に示します。

表：video 要素の主な属性

属性	説明
width	動画の表示サイズ（横幅）
height	動画の表示サイズ（高さ）
src	動画ファイルのパス
controls	コントロール（再生ボタンなど）の表示
autoplay	自動再生　※消音でなければ自動再生しないため、必ず mute 属性と一緒に記述する
loop	繰り返し再生
poster	動画を再生できない場合表示する画像
muted	音量を 0 に指定
preload	動画を事前に読み込むかどうか
playsinline	動画を全画面ではなく再生領域内で再生するかどうか

video 要素の記述例を以下に示します。

video 要素の記述例（自動再生、ループする場合）

```
<video controls width="250" autoplay loop muted src="movies/top.
mp4">
    お使いのブラウザは動画再生に対応していません。
</video>
```


ブラウザがsrc属性で指定している動画フォーマットをサポートしていなかったり、動画ファイルのダウンロードが完了していなかったりする場合、video要素には何も表示されません。そのような場合に、何らかの画像を表示するにはposter属性を指定します。記述例を以下に示します。

video 要素の記述例（iOS 端末の場合）

```
<video controls width="250" autoplay loop muted playsinline
src="movies/top.mp4"
  poster="images/top.jpg">
   お使いのブラウザは動画再生に対応していません。
</video>
```

video要素は、JavaScriptを使用して、動画の制御を行うことができます。詳細は**5-1**を参照してください。

解答 B

問題 3-43

重要度 ★★☆

video 要素についての説明として正しいものを2つ選びなさい。

A. video要素の子要素としてtrack要素を使用すると、動画に字幕を追加できる
B. source要素に複数の動画ファイルを指定した場合、ブラウザが対応するすべての動画が表示される
C. source要素に指定された動画ファイルの中にブラウザが対応する形式のファイルがない場合、要素内の文字列が表示される
D. video要素に対応していないブラウザでは、poster属性に指定した画像ファイルが表示される
E. video要素はHTML5で追加された要素である

解説

video要素についての問題です。
video要素はHTML5で追加された要素です。
video要素の子要素としてtrack要素を使用すると、動画や音声に見出しや字幕

などのトラック情報を追加することができます。track 要素については **3-48** を参照してください。

video 要素の子要素として source 要素を使用することで、複数の動画ファイルを指定できます。また、source 要素を使用して複数の動画ファイルを指定した場合、ブラウザが対応状況を判断し、最も適切な 1 つの動画を再生します。対応する形式のファイルがない場合、poster 属性に指定した画像ファイルが表示されます。また、ブラウザが video 要素に対応していない場合には、要素内の文字列が表示されます。

source 要素で複数の動画ファイルを指定する場合の記述例を以下に示します。

video 要素の記述例（複数の動画ファイルを指定する場合）

```
<video controls autoplay loop poster="images/top.jpg">
  <source src="movies/top.mp4">
  <source src="movies/top.webm">
  <source src="movies/top.ogv">
  お使いのブラウザは動画再生に対応していません。
</video>
```

解答 A, E

問題 3-44

重要度 ★★☆

ブラウザに動画用のコントロールを表示する場合、以下の空欄に当てはまるキーワードとして、正しいものを選びなさい。

実行例

```
<video src="movies/relay.mp4" [          ]></video>
```

A. controls　　B. autoplay

C. loop　　D. poster

E. muted

□□□

解説

controls 属性についての問題です。

video 要素や audio 要素に **controls 属性を指定すると、ブラウザにコントロールを表示**できます。

動画用コントロールのイメージを以下に示します。

図：動画用コントロールのイメージ

解答 A

問題 3-45

重要度 ★☆☆

以下のコードの空欄に当てはまる属性を記述しなさい。

実行例

```
<video controls autoplay loop poster="images/top.jpg">
  <source src="movies/top.mp4"[          ]="video/mp4">
</video>
```

解説 動画ファイルの MIME タイプについての問題です。

source 要素を複数記述して動画ファイルや音声ファイルを指定する場合、type 属性に動画ファイルや音声ファイルの形式を MIME タイプで指定します。「video/mp4」は、拡張子「.mp4」のファイルの MIME タイプです。

動画ファイルの主なファイル形式と MIME タイプの関係については、**3-50** を参照してください。

なお、type 属性は省略可能です。省略した場合は、ブラウザが自動的にファイル形式を判断します。

解答 type

問題 3-46

重要度 ★★☆

audio 要素の属性として、誤っているものを2つ選びなさい。

A. controls
B. autoplay
C. loop
D. width
E. height

解説　audio 要素についての問題です。

audio 要素は音声を再生するために使用します。audio 要素は video 要素と同様、HTML5 で追加された要素です。

audio 要素には video 要素のような表示領域はありません。よって、width 属性および height 属性はありません。表示領域がないこと以外は、video 要素とほぼ同様に使用できます。

audio 要素の主な属性を以下に示します。

表：audio 要素の主な属性

属性	説明
src	音声ファイルのパス
controls	コントロール（再生ボタンなど）の表示
autoplay	自動再生
loop	繰り返し再生
muted	音量を 0 に指定

解答　D, E

問題 3-47

重要度 ★★☆

以下のコードの説明として、誤っているものを選びなさい。ただし、ブラウザは少なくとも1つのファイル形式には対応しているものとする。

実行例

```
<audio controls autoplay loop>
  <source src="music/sample.mid">
  <source src="music/sample.ogg">
  <source src="music/sample.mp3">
    お使いのブラウザは音楽再生に対応していません
</audio>
```

A. 音声が繰り返し再生される
B. 音声が自動再生される
C. コントロールが表示される
D. ブラウザが「.mp3」ファイルにのみ対応している場合、「sample.mp3」が再生される
E. ブラウザが「.ogg」ファイルと「.mp3」ファイルの両方に対応している場合、「sample.ogg」の後に「sample.mp3」が再生される

解説 audio要素についての問題です。

audio要素の子要素として、source要素を使用することで、複数の音声ファイルを再生候補にできます。ブラウザが複数の音声ファイルに対応している場合、ブラウザが対応状況を判断し、最も適切な1つの音声を再生します。よって選択肢Eが誤りです。

なお、audio要素には表示領域はありませんが、controls属性を指定した場合には、コントロールが表示されます。

図：音声用コントロールのイメージ

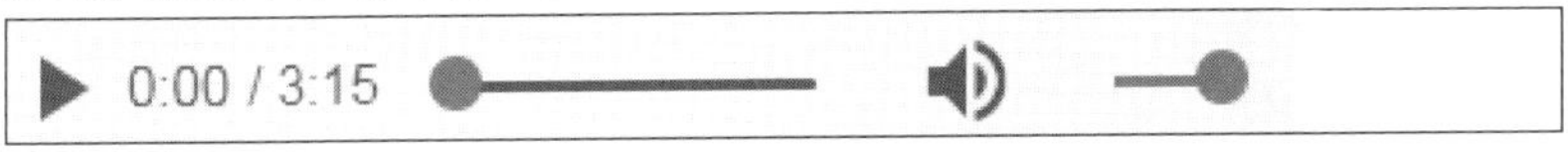

解答 E

問題 **3-48** 重要度 ★★★

動画に字幕を追加する場合に使用する要素として、正しいものを選びなさい。

A. source　　B. caption
C. track　　D. canvas
E. title

解説　track 要素についての問題です。

track 要素は動画や音声に見出しや字幕などのトラック情報を追加するために使用します。

track 要素の主な属性を以下に示します。

表：track 要素の主な属性

属性	説明
src	トラック情報のパス
srclang	トラック情報の言語（日本語など）
kind	トラック情報の種類
label	トラック情報のタイトル
default	既定でトラック情報を表示

track 要素の使用例を以下に示します。

track 要素の記述例

```
<video controls src="movies/relay.mp4">
  <track src="vtt/subtitles.vtt" srclang="ja" kind="subtitles"
default>
    お使いのブラウザは動画再生に対応していません。
</video>
```

図：track 要素の実行イメージ

また、トラック情報を記述する形式の1つにWebVTT形式（.vttファイル）があります（VTTファイルの記述方法については、試験の出題範囲外です）。
.vttファイルの記述例を以下に示します。

.vttファイルの記述例

```
WEBVTT
00:00:00.001 --> 00:00:02.898
第一走者がスタートしました

00:00:03.323 --> 00:00:05.561
黄色チームがリードしています

00:00:11.518 --> 00:00:13.010
たくさん練習してきたバトンパスです

00:00:13.011 --> 00:00:15.194
落とさずにバトンを渡せました
```

解答 C

問題 3-49

重要度 ★★☆

ビデオコーデックの説明として、誤っているものを選びなさい。

A. ビデオコーデックとは動画データを圧縮 / 解凍する際のアルゴリズムのことである
B. ブラウザが対応するビデオコーデックは標準化されている
C. 代表的なビデオコーデックとして、H.264がある
D. 動画用のビデオコーデックと音声用のオーディオコーデックは別である
E. 拡張子が同じファイルでも、ビデオコーデックが異なる場合がある

□□□

解説 ビデオコーデックについての問題です。

ビデオコーデックとは動画データを圧縮 / 解凍する際のアルゴリズムのことです。コーデックの種類により、圧縮 / 解凍の方法が異なるため、画質やファイルサイズが異なります。

主なビデオコーデックの種類としては、H.264、MPEG-2、MPEG-4、DivX、VP9、Theoraなどがあります（各ビデオコーデックの違いについては、試験の出題範囲外です）。

ブラウザによって対応するコーデックは異なり、標準化されていません。そのため、ブラウザによっては動画を正常に再生できない場合もあります。よって選択肢

B は誤りです。

さらに、動画の再生には、ブラウザがビデオコーデックとコンテナに対応している必要があります。コンテナとは動画のファイル形式（拡張子で表されます）のことです。コンテナについては3-50を参照してください。拡張子が同じファイルでも、ビデオコーデックは異なる場合があります。

また、**ビデオコーデックは音声用のオーディオコーデックとは異なります。**オーディオコーデックとは、音声データを圧縮 / 解凍する際のアルゴリズムのことです。代表的なものとしては、MP3、AAC、Vorbis などがあります。

解答 B

問題 3-50

重要度 ★★☆

動画ファイル形式（コンテナ）とその MIME タイプの組み合わせとして、正しいものを 2つ選びなさい。

A. ファイル形式：.mp4　　MIME タイプ：video/quicktime
B. ファイル形式：.mp4　　MIME タイプ：video/mp4
C. ファイル形式：.ogv　　MIME タイプ：video/ogv
D. ファイル形式：.webm　　MIME タイプ：video/webm
E. ファイル形式：.webm　　MIME タイプ：video/ogg

解説 動画ファイル形式（コンテナ）と MIME タイプについての問題です。

ファイル形式（コンテナ）とは、ビデオコーデック / オーディオコーデックによって圧縮された動画データ / 音声データの形式のことです。

ブラウザによってファイル形式（コンテナ）が異なるため、video 要素 /audio 要素で再生する場合には、複数の形式のファイルを再生候補として指定します。動画ファイルや音声ファイルを指定する場合、type 属性に動画ファイルや音声ファイルの形式を MIME タイプで指定します。MIME タイプの指定を誤ると、ブラウザが src 属性で指定されたファイルの形式に対応していても再生に失敗するため、注意が必要です。

動画ファイルの主なファイル形式と MIME タイプを以下に示します。

表：動画ファイルの主なファイル形式と MIME タイプ

ファイル形式（拡張子）	MIME タイプ
.mp4	video/mp4
.ogv	video/ogg
.webm	video/webm
.mov	video/quicktime

解答 B, D

問題 3-51

重要度 ★★★

ほかのWebページや、Webページ内の指定した箇所に移動するためのハイパーリンクを作成する要素として、正しいものを選びなさい。

A. li　　B. hr
C. input　　D. a
E. ul

解説

a要素についての問題です。

a要素はほかのWebページや、Webページ内の指定した箇所に移動するためのハイパーリンクを作成するために使用します。

a要素の記述例を以下に示します。

a要素の記述例

```
<a href="guide.html" target="_blank">学習ガイド</a>
```

href属性には移動先を指定します。a要素の内部には、ハイパーリンクを設定したい文字列を指定します。

target属性には、リンク先のWebページを表示する場所を指定します。_blankを指定すると、新しいタブにWebページが表示されます。なお、省略した場合の既定値は_selfで、現在と同じタブにリンク先のWebページが表示されます。

なお、img要素で表示した画像内に複数のハイパーリンクを作成する場合（イメージマップと呼ばれます）には、map要素およびarea要素を使用します。

map要素とarea要素の記述例を以下に示します。

map 要素と area 要素の記述例

```
<img src="images/japan.png" usemap="#japan" alt="支店案内">
<map name="japan">
  <area shape="circle" coords="200, 224, 12" href="#tokyo" alt="東京">
  <area shape="rect" coords="184, 196, 220, 256" href="#kanto" alt="関東">
  <area shape="rect" coords="189, 0, 291, 95" href="#hokkaido" alt="北海道"
  <area shape="poly" coords="199, 95, 224, 93, 234, 138, 221, 195, 191, 198, 191, 162" href="#tohoku" alt="東北">
  …
 </map>
```

map 要素の name 属性にマップ名を指定します。このマップ名を img 要素の usemap 属性に指定することで、画像とハイパーリンクを関連付けます。

map 要素の子要素として area 要素を指定します。area 要素の shape 属性には領域の形状を指定します。circle（円）、rect（四角形）、poly（多角形）を指定できます。coords 属性には領域の座標を指定します。

座標の指定方法を以下に示します。

図：coords 属性による座標指定

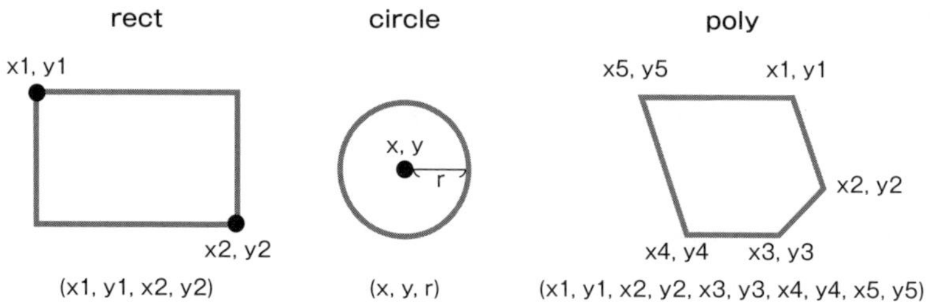

イメージマップのイメージを以下に示します。

図：イメージマップのイメージ

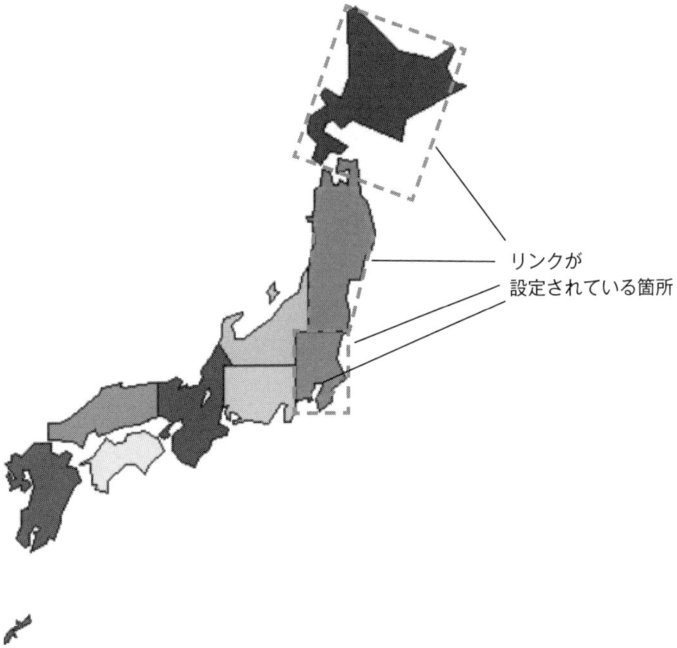

解答 D

問題 3-52

重要度 ★★★

a 要素において、h1 要素へのリンクを設定する場合、以下のコードの ① 、 ② に当てはまる属性および値の組み合わせとして、正しいものを選びなさい。

実行例

```
<h1 ① ="top">沿革</h1>
……
<a href=" ② ">先頭に戻る</a>
```

A. ① name　② top
B. ① name　② #top
C. ① id　② top
D. ① id　② #top
E. ① target　② top

解説　a 要素についての問題です。

a 要素で Web ページ内の要素に対してリンクを設定する場合、その要素の id 属性に対してリンクを設定します。a 要素の href 属性には**「ファイル名 #id 名」**を指定します。同一ページへのリンクの場合には、ファイル名は省略可能です。

HTML4 以前では、要素の name 属性に対してリンクを設定していましたが、**HTML5 以降では name 属性に対するリンクの設定は廃止され、id 属性に対して指定する方法に変わりました。**

解答　D

問題 3-53

重要度 ★★★

form 要素の method 属性に指定できる値として、正しいものを 2 つ選びなさい。

A. get
B. post
C. head
D. put
E. delete

解説 form要素のmethod属性についての問題です。

form要素はブラウザに入力されたデータをWebサーバに送信するために使用します。

form要素の主な属性を以下に示します。

表：form要素の主な属性

属性	説明
action	送信先のURLを指定
method	送信方法をgetまたはpostで指定
enctype	送信データの形式をMIMEタイプで指定
novalidate	バリデーション機能を無効化する場合に指定

form要素の記述例を以下に示します。

form要素の記述例

```
<form method="post" action="/flm">
  ……
</form>
```

method属性には、情報をWebサーバに送信する際に使用するHTTPのリクエストメソッドを指定します。method属性に指定できる値にはgetとpostがあります。ほかの値は指定できません。

getを指定した場合は、入力情報をURLに含めて送信します。postを指定した場合には、入力情報をURLとは別に、メッセージボディを含めて送信します。メッセージボディについては**1-6**を、HTTPのリクエストメソッドについては、**1-1**を参照してください。

解答 A, B

問題 3-54

重要度 ★★☆

テキストボックスにキャプションをつける場合、以下のコードの空欄に当てはまる要素名を記述しなさい。

実行例

```
<[     ]>ID: <input type="text"></[     ]>
```

解説 label要素についての問題です。

label 要素は入力部品に対してキャプションをつける場合に使用します。キャプションとは、入力部品の項目名やタイトルです。

label 要素の属性を以下に示します。

表：label 要素の主な属性

属性	説明
form	含まれる form 要素の id 属性を指定。form 属性を使用することで、label 要素を form 要素の外に配置できる
for	関連付ける要素の id 属性を指定

label 要素のイメージを以下に示します。

図：label 要素のイメージ

解答 label

問題 3-55

重要度 ★★☆

入力必須欄を定義する場合に指定する input 要素の属性として、正しいものを選びなさい。

A. autofocus
B. placeholder
C. checked
D. pattern
E. required

解説 input 要素の required 属性についての問題です。

input 要素は form 要素に含まれるように指定し、入力部品を定義するために使用します。

input 要素の主な属性を以下に示します。

表：input 要素の主な属性

属性	説明
type	入力部品の種類を指定
max	入力（選択）可能な最大値を指定
min	入力（選択）可能な最小値を指定
maxlength	入力可能な最大文字数を指定
value	値を指定
checked	初期選択されるチェックボックスまたはラジオボタンを指定

属性	説明
disabled	無効化を指定
readonly	読み取り専用を指定
autofocus	初期選択される入力部品を指定
placeholder	プレースホルダを定義
required	入力必須を指定
pattern	入力形式を正規表現で指定
form	含まれる form 要素の id 属性を指定。form 属性を使用することで、input 要素を form 要素の外に配置できる
name	送信データのパラメータ名を指定

required 属性を指定すると入力必須欄を定義できます。未入力のまま送信すると、ブラウザ固有のエラーメッセージが表示されます。

解答 E

問題 3-56

重要度 ★★☆

input 要素に autocomplete 属性を設定する際の属性値について、正しいものを2つ選びなさい。

A. 属性値が on の場合のみ入力の自動補完機能が有効になる
B. autocomplete 属性を設定する場合、自動補完されるデータの種類は autocomplete 属性の値にかかわらず、type 属性に基づいてブラウザが判断する
C. on/off 以外の属性値を設定した場合は、自動補完されるデータの種類はその属性値に基づいてブラウザが判断する
D. 電子メールアドレスを設定する場合に対応する属性値は email である
E. 属性値 cc-month はクレジットカード番号の有効期限の月を示す

解説 autocomplete 属性の属性値についての問題です。

autocomplete 属性は、ユーザが過去に入力した値を取得し、入力を自動化する機能です。テキストまたは数値を入力できる input 要素、textarea 要素、select 要素、form 要素で利用できます。設定できる属性値について抜粋したものを以下に示します。

表：autocomplete 属性の属性値（一部抜粋）

属性値	説明
on	自動補完機能をオンにする
off	自動補完機能をオフにする
name	氏名
email	電子メールアドレス
new-password	新規パスワード
current-password	現在のパスワード
cc-name	クレジットカードの氏名
cc-number	クレジットカードの番号
cc-exp-month	クレジットカードの支払い有効期限の月
cc-exp-year	クレジットカードの支払い有効期限の年

また、自動補完するデータの種類は、autocomplete="on" の場合は type 属性で判断されます。autocomplete="email" など、属性値が具体的に指定されている場合は、その属性値に基づいて判断されます。

解答 C, D

問題 3-57

重要度 ★★★

input 要素の type 属性に指定する値のうち、HTML5 以降で追加されたものを 4 つ選びなさい。

A. `number`　　B. `email`
C. `tel`　　D. `url`
E. `file`

□□□

解説 input 要素の type 属性についての問題です。
type 属性には入力部品の種類を指定します。
type 属性に指定できる主な値を以下に示します。

表：type 属性に指定できる主な値

属性値	説明	HTML5 で追加
text	テキストボックスを定義する	
button	ボタンを定義する	
checkbox	チェックボックスを定義する	
radio	ラジオボタンを定義する	
submit	送信ボタンを定義する	
hidden	隠しフィールドを定義する	

属性値	説明	HTML5 で追加
file	ファイル選択欄を定義する	
url	URL 入力用テキストボックスを定義する	○
email	電子メールアドレス入力用テキストボックスを定義する	○
tel	電話番号入力用テキストボックスを定義する	○
search	検索キーワード入力用のテキストボックスを定義する	○
number	数値選択欄を定義する。max 属性、min 属性を指定することで、最大値、最小値を指定できる	○
range	スライダを定義する。max 属性、min 属性を指定することで、最大値、最小値を指定できる	○
color	色の選択欄を定義する	○
date	日付指定用の入力欄を定義する	○
time	時間指定用の入力欄を定義する	○

選択肢 E の file は HTML5 以降で追加された値ではありません。

解答 A, B, C, D

問題 3-58

重要度 ★★☆

input 要素の type 属性に HTML5 で追加された値を指定した場合、HTML5 に対応していないブラウザではどのように表示されるか。正しいものを選びなさい。

A. 何も表示されない
B. エラーメッセージが表示される
C. 値に「text」が指定された場合と同様に表示される
D. name 属性に指定した値が文字列として表示される
E. id 属性に指定した値が文字列として表示される

解説 input 要素の type 属性についての問題です。

HTML5 に対応していないブラウザで HTML5 で導入された新しい値を指定した場合、**テキストボックスとして表示**されます。これは type 属性の初期値が「text」となっており、type 属性の値が認識できない場合は「text」として解釈されるためです。

解答 C

問題 3-59

重要度 ★★★

フォームの送信ボタンを作成するとき、以下の空欄に当てはまる属性を記述しなさい。

実行例

```
<button [        ]="submit">送信</button>
```

解説　button 要素についての問題です。

button 要素はボタンを作成するために使用します。button 要素は空要素ではないため、input 要素で type="button" を指定する場合と比較し、さまざまなスタイルを適用させることができます。たとえば子要素に img 要素を指定することで、画像をボタンに指定できます。

button 要素では、**type 属性**にボタンの種類を指定します。type 属性に指定できる値には、submit、reset、button があります。また、イベントハンドラ属性である onclick 属性に JavaScript の関数の呼び出しを指定することで、ボタンクリック時に動作をつけることも可能です。

イベントハンドラ属性とは、ユーザ操作によって実行する処理を定義するための属性です。代表的なものにボタンクリック時の処理を定義する onclick 属性や入力値が変更されたときの処理を定義する onchange 属性などがあります。処理自体は JavaScript で記述します。

解答　type

問題 3-60

重要度 ★★★

以下のコードの説明として、誤っているものを選びなさい。

実行例

```
<select name="select" size="3">
  <option value="love">好き</option>
  <option value="like" selected>どちらかといえば好き</option>
  <option value="dislike">どちらかといえば嫌い</option>
  <option value="hate">嫌い</option>
</select>
```

A. セレクトボックスの選択項目は4つである
B. 初期表示では「どちらかといえば好き」が選択状態となっている
C. 送信データとして、「好き」、「どちらかといえば好き」、「どちらかといえば嫌い」、「嫌い」のいずれかの文字列が送られる
D. 送信できる値は1つである
E. ブラウザに同時に表示される選択項目は3つである

解説

select要素およびoption要素についての問題です。

select要素はセレクトボックスを作成するために使用します。また、子要素である**option要素**は選択項目を作成するために使用します。

select要素のsize属性はブラウザに同時に表示される項目数を指定します。

option要素には選択項目を指定します。1つのoption要素が1つの選択項目となります。option要素のvalue属性の値が、サーバに送られる選択項目の値です。よって、選択肢Cの内容は誤りです。option要素の内部に記述した文字列は、ブラウザの選択項目に表示されます。また、selected属性を指定した要素は、初期表示で選択状態となります。

セレクトボックスのイメージを以下に示します。

図：セレクトボックスのイメージ

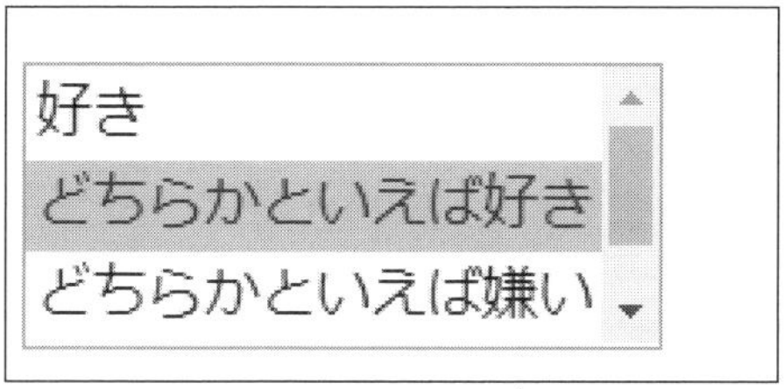

なお、optgroup要素を使用すると、option要素で作成した選択項目をグループ化できます。また、複数項目を選択できるようにするには、select要素にmultiple属性を追加します。

解答 C

問題 3-61

重要度 ★★★

以下のコードの説明として、正しいものを 3 つ選びなさい。

実行例

```
<textarea name="question" rows="5" cols="50" placeholder=
"お問い合わせ内容">
</textarea>
```

A. 表示領域の高さは 5 行分である
B. テキストエリアには、1 行あたり半角で 100 文字入力可能である
C. 初期値は指定されていない
D. 入力可能な最大文字数は 250 文字である
E. 入力内容を助言するメッセージとして「お問い合わせ内容」が表示される

解説

textarea 要素についての問題です。
textarea 要素は複数行にわたる文章の入力欄を作成するために使用します。
textarea 要素の主な属性を以下に示します。

表：textarea 要素の主な属性

属性	説明
rows	表示領域の高さ（行数）を指定
cols	1 行あたり入力可能な文字数（半角文字の文字数。全角の場合は 1/2 となる）
placeholder	テキストエリアの入力内容を助言するメッセージを指定
maxlength	入力可能な最大文字数を指定。指定しない場合は無制限となる
form	含まれる form 要素の id 属性を指定。form 属性を使用することで、textarea 要素を form 要素の外に配置できる

本問題では、cols="50" と指定されているため、1 行あたり半角で 50 文字入力可能なテキストエリアとなります。よって選択肢 B は誤りです。

また、maxlength 属性は指定されていないため入力文字数に制限はありません。よって選択肢 D は誤りです。

なお、textarea 要素の内部に記述した文字列がテキストエリアの初期値となります。本問題では、初期値は指定されていません。

解答 A, C, E

問題 3-62

重要度 ★★☆

タスクの進捗状況を表示する場合に使用する要素として正しいものを選びなさい。

A. output　　B. meter
C. keygen　　D. progress
E. fieldset

解説

progress 要素についての問題です。
progress 要素はタスクの進捗状況を表示する場合に使用されます。
progress 要素の記述例を以下に示します。

progress 要素の記述例

```
<progress value="50" max="100">50 %</progress>
```

progress 要素のイメージを以下に示します。

図：progress 要素の実行イメージ

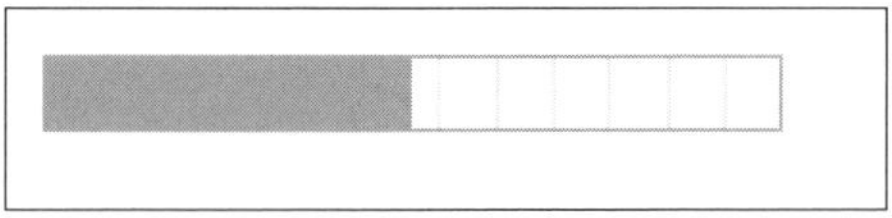

max 属性にはタスク完了までの総作業量を指定します。既定値は 1 です。value 属性にはタスクの進捗状況を指定します。実際には value 属性の値を JavaScript などの処理によって変化させます。

なお、選択肢に含まれる output 要素は計算結果やユーザ操作の結果などを表示する要素です。meter 要素はディスクの使用量などの割合を表示する要素です。keygen 要素は公開鍵を生成し、送信するための要素です。keygen 要素は HTML5.2 で廃止されたため、使用しないことを推奨します。fieldset 要素については **3-63** を参照してください。

解答 D

問題 3-63

重要度 ★★★

フォームの入力部品をグループ化してキャプションを設定する場合、使用する要素の組み合わせとして正しいものを選びなさい。

A. fieldset　legend
B. select　option
C. figure　figcaption
D. ul　li
E. details　summary

解説

fieldset 要素および legend 要素についての問題です。

fieldset 要素および legend 要素はフォームの入力部品をグループ化してキャプションを設定するために使用します。fieldset 要素でグループ化する入力部品をまとめ、legend 要素でキャプションを指定します。

fieldset 要素の記述例を以下に示します。

fieldset 要素の記述例

```
<fieldset>
  <legend>趣味</legend>
  <input type="checkbox" id="travel" name="hobby" value="travel">
  <label for="travel">旅行</label><br>
  <input type="checkbox" id="reading" name="hobby" value="reading">
  <label for="reading">読書</label><br>
  <input type="checkbox" id="sport" name="hobby" value="sport">
  <label for="sport">スポーツ</label><br>
</fieldset>
```

図：fieldset 要素の実行イメージ

なお、選択肢に含まれる select 要素および option 要素については **3-60** を参照してください。figure 要素および figcaption 要素の詳細は **3-12** を参照してください。ul 要素および li 要素については **3-13** を参照してください。details 要素および summary 要素については **3-69** を参照してください。

解答 A

問題 3-64

重要度 ★☆☆

HTML Standardで廃止されていない要素を選びなさい。

A. frame　　B. frameset
C. noframes　　D. iframe
E. center

解説 フレーム関連要素についての問題です。

フレーム関連要素は、ブラウザの画面を分割し、各フレームに別のWebページを表示するために使用します。フレーム分割したWebサイトはアクセシビリティに反するとして、**frame要素は廃止**されました。それに伴い、**frameset要素、noframes要素も廃止**されています。今後は使用を推奨しません。

iframe要素はHTML Standardでもサポートされています。iframe要素を使用するとWebページ内に別のhtmlファイルの内容を挿入できます。詳細は**3-65**を参照してください。

なお、フレーム関連要素ではありませんが、中央寄せする要素である**center要素もHTML5で廃止**されています。中央寄せは見栄えのため、CSSで設定します。詳細は**2-43**を参照してください。

解答 D

問題 3-65

重要度 ★★☆

iframe要素の説明として、誤っているものを2つ選びなさい。

A. body要素内では使用できず、frameset要素内で使用しなければならない
B. sandbox属性の値には、ファイルの挿入に対し、制限を設定する項目を指定する
C. src属性の値として、挿入するファイルのパスを指定する
D. height属性、width属性の値としてフレームの大きさをピクセル数で指定する
E. Webページ内に別ページの広告などを挿入する場合に使用される

解説 iframe要素についての問題です。

iframe要素を使用するとWebページ内に別のhtmlファイルの内容を挿入できます。

iframe要素の主な属性を以下に示します。

表：iframe要素の主な属性

属性	説明
src	挿入するファイルのパスを指定
sandbox	ファイルの挿入に対し、制限を解除する項目を指定
height	フレームの高さを指定
width	フレームの横幅を指定

iframe要素はbody要素内で使用できます。HTML5で廃止されたframe要素はframeset要素内で使用する必要がありましたが、frameset要素もHTML5では廃止されています。

sandbox属性の値には、ファイルの挿入に対し、制限を**解除**する「allow-」から始まるキーワードを指定します。値に空白を指定した場合には、最大限の制限をかける設定となります。sandbox属性に指定できる値については**3-66**を参照してください。

別ページのiframe要素に挿入されないよう、制限をかけることもできます。具体的な方法については、試験の出題範囲外です。

解答 A, B

問題 3-66

重要度 ★☆☆

iframe 要素に挿入したファイルにおいてスクリプトの実行を許可する場合、sandbox 属性に指定する値として、正しいものを選びなさい。

A. allow-top-navigation　　B. allow-same-origin
C. allow-popups　　D. allow-forms
E. allow-scripts

解説　iframe 要素の sandbox 属性についての問題です。

sandbox 属性の値には、挿入するファイルに対し、制限を解除する項目を指定します。空白区切りで複数指定できます。

sandbox 属性に設定できる主な値を以下に示します。

表：sandbox 属性に指定できる主な値

属性	説明
allow-top-navigation	挿入したファイルから別ページへのリンクによる移動を許可する
allow-same-origin	挿入したファイルが iframe 要素を持つファイルと同じオリジンを持つものとする
allow-popups	挿入したファイルでのポップアップを許可する
allow-forms	挿入したファイルからのフォーム送信を許可する
allow-scripts	挿入したファイルでのスクリプト実行を許可する

iframe 要素の記述例

```
<iframe src="https://www.flm.com/index.html" width="30" height="30"
sandbox="allow-scripts">
</iframe>
```

解答 E

問題 3-67

重要度 ★★☆

次のような入力候補付きテキストボックスを定義する場合、①と②に当てはまる組み合わせとして正しいものを選びなさい。

実行例

```
<input type="text" name="area" ①="kanto">
<② id="kanto">
  <option value="東京">
  <option value="千葉">
  <option value="埼玉">
</②>
```

A. ① list　　② select
B. ① _　　② select
C. ① datalist　　② list
D. ① list　　② datalist
E. ① id　　② datalist

解説　datalist要素とinput要素の関連付けについての問題です。

datalist要素はinput要素に入力候補を表示するための要素です。input要素のlist属性とdatalist要素のid属性の値を一致させます。list属性とは、入力候補のリストを指定するための属性です。

解答　D

問題 3-68

重要度 ★★☆

ディスクロージャーウィジェットを作成するための要素の組み合わせとして正しいものを選びなさい。

A. ruby　rt
B. select　option
C. figure　figcaption
D. ul　li
E. details　summary

解説 details 要素および summary 要素についての問題です。

details 要素および summary 要素はディスクロージャーウィジェットを作成するために使用する要素です。

ディスクロージャーウィジェットは、開示ウィジェットとも呼ばれ、ユーザの操作によってウィジェットを開いたり閉じたりできます。

ディスクロージャーウィジェットのイメージを以下に示します。

図：ディスクロージャーウィジェットの実行イメージ（閉じた状態）

▶ FLMの研修サービス

図：ディスクロージャーウィジェットの実行イメージ（開いた状態）

▼ FLMの研修サービス
ヒューマンスキルからクラウド、データ分析、セキュリティなどの最新技術まで実務で役立つ研修サービスを多数ご用意し、お客様の人材育成を支援します。

details 要素および summary 要素の記述方法については **3-69** を参照してください。

なお、選択肢に含まれる ruby 要素および rt 要素については **3-7**、**3-8** を参照してください。select 要素および option 要素については **3-60** を参照してください。figure 要素および figcaption 要素の詳細は **3-12** を参照してください。ul 要素および li 要素については **3-13** を参照してください。

解答 E

問題 3-69

重要度 ★★☆

以下のコードの説明として、誤っているものを2つ選びなさい。

実行例

```
<details open>
  <summary>はじめてのHTML</summary>
  <p>HTMLによるWebページ作成方法を講義と実習によって確認します。
  HTML Standardに対応しています。</p>
</details>
<details>
  <summary>はじめてのCSS</summary>
  <p>CSSによるWebページのデザイン方法を講義と実習によって確認します。
  CSS3に対応しています。</p>
</details>
```

A. ディスクロージャーウィジェットは2つ表示される
B. 初期表示では、ディスクロージャーウィジェットはどれも閉じたままになっている
C. 「はじめてのHTML」、「はじめてのCSS」は常に表示される見出しとなる
D. ユーザの操作によってp要素の内容の表示/非表示が切り替わる
E. 2つのディスクロージャーウィジェットは入れ子になっている

解説 details要素およびsummary要素の記述方法についての問題です。

details要素がディスクロージャーウィジェットを表します。子要素である**summary要素に開示ウィジェットの見出しを指定**します。

details要素にopen属性を指定すると、ディスクロージャーウィジェットは**開いたまま**になります。既定では閉じたままです。よって選択肢Bは誤りです。

本問題のdetails要素は並列されており、入れ子にはなっていません。よって選択肢Eも誤りです。

解答 B, E

問題 3-70

重要度 ★☆☆

canvas要素の説明として、誤っているものを選びなさい。

A. WebGL APIでアニメーションを描画できる
B. Canvas APIでアニメーションを描画できる
C. height属性で高さを指定できる
D. src属性で表示する画像を指定できる
E. width属性で幅を指定できる

解説

canvas要素についての問題です。

canvas要素は、WebGL APIやCanvas APIでアニメーションやグラフィックスを表示するための要素です。そのため、**canvas要素だけでは何も表示されません**。

WebGL APIは2Dや3Dのアニメーションを描画できるAPIです（WebGLは試験出題範囲外のため、詳細は割愛します）。また、Canvas APIに関しては、**5-4**を参照してください。

canvas要素はheight属性で高さを、width属性で幅を指定できます。なお、canvas要素にsrc属性はありません。

canvas要素に四角形を描画する記述例を以下に示します。

canvas要素の記述例

```
<div>
  <canvas id="graph" height="300" width="300"></canvas>
  <script>
    // canvas要素にアクセス
    var graph = document.getElementById("graph");
    // 四角形を描画
    var ctx = graph.getContext("2d");
    ctx.fillRect(10, 10, 290, 290);
  </script>
</div>
```

図：実行イメージ

解答 D

問題 3-71

重要度 ★☆☆

動画や音声等の外部リソースを読み込む場合に使用する要素として、正しいものを選びなさい。

A. object　　B. figure
C. script　　D. meta
E. svg

解説 音声や動画、画像やPDFなどの外部リソースの読み込みについての問題です。

外部リソースを読み込むためには、**object要素**や**embed要素**を用います。具体的にはobject要素では外部リソース全般（動画・音声・画像・PDFなど）、embed要素では主に動画・音声を読み込みます。

object要素には、終了タグが存在します。タグ内には代替コンテンツを挿入することができます。たとえば、動画を読み込む際、タグ内に「動画を取得できませんでした」とテキストを記述しておくと、動画が読み込めなかった際に代わりにこのテキストが表示されます。

以下に、object要素やembed要素を用いて動画を読み込む記述例を示します。外部リソースはobject要素ではdata属性で、embed要素ではsrc属性で指定します。

embed要素とobject要素の記述例

```
<object data="movie.webm" width="250" height="200">
    動画を取得できませんでした。
</object>

<embed type="video/webm" src="movie.webm" width="250" height="200">
```

ただし、HTML5以降は**video要素**と**audio要素**が追加されました。そのため、動画・音声の読み込みはそれぞれvideoタグ、audioタグを用いることを推奨します。また、アニメーションを描画する場合は**canvas要素**を用いることを推奨します。

画像についてはimg要素が頻繁に使用されますが、代替コンテンツが必要な場合はobject要素を用いることができます。また、動画・音声・画像以外のコンテンツを読み込む場合もobject要素を使用できます。

解答 A

4 章

レスポンシブ Web デザイン

本章のポイント

▶ マルチデバイス対応

マルチデバイス対応の Web ページを作成する方法を扱います。

重要キーワード

スマートフォン、タブレット、PC、プリンタ、フルードグリッド、フルードイメージ、固定レイアウト、可変レイアウト、リセットCSS、CSSスプライト、高解像度画面向け対応、viewport、density、initial-scale、ファビコン、アイコン設定、スタンドアロンモード、電話番号へのリンク、script要素、async属性、defer属性

▶ メディアクエリ

メディアクエリの使用方法を扱います。メディアクエリを用いて、画面サイズに応じて Web ページの見栄えを切り替える方法についての理解を深めます。

重要キーワード

メディアクエリ、メディアタイプ、メディア特性、ピクセル、dpi、dpcm

問題 4-1

重要度 ★★★

レスポンシブ Web デザインの説明として、誤っているものを 3 つ選びなさい。

A. PC やスマートフォンで共通の Web ページを作成し、画面サイズに応じてユーザインタフェースを切り替えて最適化する手法である
B. PC やスマートフォンごとに Web ページを作成し、デバイスに応じてレスポンスする Web ページを切り替えて最適化する手法である
C. 既存の Web ページをマルチデバイス対応させる場合に向いている
D. デバイスが異なっても共通の URL を使用できる
E. User-Agent の値でデバイスに応じた Web ページにリダイレクトする

□□□

解説　レスポンシブ Web デザインについての問題です。

PC やスマートフォンなど、複数のデバイスに対応した Web サイトを構築するには、共通の Web ページを使用するレスポンシブ Web デザインを用いて構築する方法と、PC とスマートフォン、それぞれに向けた専用 Web サイトを構築する手法の 2 つがあります。

それぞれの手法の概要を以下に示します。

表：Web サイト構築の 2 つの手法の概要

最適化方法		メリット	デメリット
複数のデバイスに対応した Web サイト	**レスポンシブ Web デザイン**	・1 つの HTML ファイルで各デバイスに対応できる ・1 つの URL で対応できる ・開発、メンテナンスのコストを抑えられる可能性がある	・PC と同じリソースを読み込むことになるため、動画などを用いたコンテンツは重くなりやすい ・1 つの HTML ファイルで対応するため、設計に縛りがある
デバイスごとの専用 Web サイト	**User-Agent による自動振り分け**	・各デバイスに最適な設計ができる（スマートフォン用、PC 用それぞれ作成）	・開発コストがかかる ・メンテナンスに手間がかかる

レスポンシブ Web デザインとは、PC やスマートフォン双方に対応した共通の Web ページを作成し、**画面サイズに応じて最適化されたユーザインタフェースを表示する**手法です。適切な設定ならば、現存しないサイズのデバイスが登場しても対応可能です。また、PC で閲覧してもスマートフォンで閲覧しても同一の URL にアクセスします。そのため、検索エンジン最適化（SEO）をしやすいという特徴があります。

レスポンシブ Web デザインは、マルチデバイス対応を前提とした Web ページを新規開発する場合に向いています。既存の Web ページをマルチデバイス対応さ

せる場合、HTMLやCSSの大幅な修正が発生するため、向いていません。

PCとスマートフォンそれぞれに最適化したWebサイトを作成した場合、それぞれのデバイスに最適化したWebページを構築できます。Webサイトへのアクセスは、User-Agent（HTTPヘッダフィールドの1つで、リクエストしたブラウザの種類を表す文字列。**1-6**を参照）の値をもとに適切なWebサイトにリダイレクトします。そのため、ユーザはどちらにアクセスするか意識する必要はありません。レスポンシブWebデザインと比較すると、リダイレクトのコストがかかったり、Webページ作成の手間が2重にかかったりします。

解答 B, C, E

問題 4-2

重要度 ★★★

レスポンシブWebデザインで使用する主な技術として、適切なものを3つ選びなさい。

A. フルードイメージ
B. ボックスモデル
C. viewport
D. 固定レイアウト
E. メディアクエリ

解説 レスポンシブWebデザインについての問題です。

レスポンシブWebデザインで使用する主な技術を以下に示します。

表：レスポンシブWebデザインで用いる主な技術

名称	説明
viewport	ブラウザの表示領域を設定する機能。異なるデバイスでも画面が同じように表示されるように仮想的な画面サイズを設定する
メディアクエリ	デバイスの種類や画面サイズに応じて適用させるCSSを切り替える機能
フルードグリッド	ブラウザのウィンドウ幅に応じて表示するコンテンツのレイアウトを変更する手法。グリッドという単位でレイアウトを構成し、ブラウザのウィンドウ幅に応じてグリッドの幅や数を変更する。グリッドは、CSSにおいて横幅を％などの相対値で指定して実現する
フルードイメージ	ブラウザのウィンドウサイズに応じて表示する画像や動画のサイズ変更する手法。CSSにおいて横幅を％などの相対値で指定して実現する

フルードグリッドやフルードイメージなどにより、ブラウザのウィンドウサイズに応じて表示するコンテンツのレイアウトを変える手法を**可変レイアウト**と呼びます。一方、要素の幅を固定してブラウザのサイズによって変化しないようにする手法が**固定レイアウト**です。固定レイアウトではデバイスごとに表示を切り替えることができないため選択肢Dは誤りです。また、選択肢Bのボックスモデルは、

HTML 要素が占める領域のため誤りです。

解答 A, C, E

問題 4-3

重要度 ★★☆

フルードグリッドの説明として、誤っているものを選びなさい。

A. ブラウザのウィンドウ幅に応じて表示するコンテンツのレイアウトを変更する
B. Web ページの幅を均等に分割した単位であるグリッドに沿ってコンテンツを配置する
C. ブラウザのウィンドウ幅が変化しても各領域が使用するグリッド数は変化しない
D. グリッドは、CSS において横幅を % などの相対値で指定することで実現する
E. デバイスのサイズに応じたグリッドの設定を行える

解説 フルードグリッドについての説明です。

フルードグリッドとは、ブラウザのウィンドウ幅に応じて表示するコンテンツのレイアウトを変更する手法のことです。**グリッドという単位でレイアウトを構成し、ブラウザのウィンドウ幅に応じてグリッドの幅や数を変更します。**一般的に Web ページの幅を 12 列に分割したものを 1 グリッドとして扱うことが多いです。

グリッドは、CSS において**横幅を % などの相対値で指定することで実現します。**画面サイズに応じて各領域に割り振るグリッドの列数を切り替えます。また、グリッドの横幅などは、デバイスサイズに応じて設定することができます。

解答 C

問題 4-4

重要度 ★★☆

フルードイメージの説明として、正しいものを2つ選びなさい。

A. ブラウザのウィンドウサイズに応じて表示する画像や動画のサイズを変更する手法である
B. フルードイメージを実現する場合、img要素のmax-widthプロパティの値の単位を%で指定する
C. img要素のmax-widthに100%を指定した場合、縦横比を維持した状態で拡大・縮小される
D. フルードイメージを実現するにはJavaScriptが必須である
E. デバイス幅ごとの複数の画像を用意する必要がある

解説 フルードイメージについての説明です。

フルードイメージとは、ブラウザのウィンドウサイズに応じて表示する画像や動画のサイズを変更する手法のことです。**img要素のCSSにおいてwidthプロパティやmax-widthプロパティの値の単位を、%などの相対値を指定することで実現します。** max-widthプロパティに100%を指定した場合、画面幅に合わせて拡大・縮小された画面が表示されます。

なお、すでに横幅と高さが指定されている画像の縦横比を維持するためには、heightプロパティも合わせて指定します。

フルードイメージにおいて縦横比を保つための設定例を以下に示します。

縦横比を保つための設定例

```
img {
  max-width: 100%;
  height: auto;
}
```

また、最大のブラウザのウィンドウサイズに合わせた画像を用意する必要があります。しかし、スマートフォン向けWebページでは、必要以上に大きなサイズの画像をダウンロードさせないように配慮する必要があります。対策として、HTML 5.1で追加されたpicture要素の使用などが考えられます。

解答 A, B

問題 4-5

重要度 ★★☆

レスポンシブ Web デザインの説明として、誤っているものを選びなさい。

A. ブラウザのウィンドウ幅に応じて適切なコンテンツを表示する手法として、グリッドの幅や数を変更するフルードグリッドがある
B. 実現するには、コンテンツ幅を % などの相対値で指定し、ブラウザのウィンドウ幅に応じて適切な CSS を切り替える
C. 想定される最小のウィンドウサイズに合わせた画像を用意し、画像をブラウザのウィンドウサイズに応じて拡大・縮小する手法をフルードイメージという
D. フルードグリッドに対応した画面ライブラリを使用することで、効率的にレスポンシブ Web デザインが実現できる
E. 1 つの HTML でマルチデバイスに対応するため、レイアウト設計に制約が発生する

□□□

解説 フルードグリッドおよびフルードイメージについての説明です。

レスポンシブ Web デザインを実現する手法として、ブラウザのウィンドウ幅に応じて表示するコンテンツのレイアウトを変更するフルードグリッドがあります。レイアウトの変更時には、ブラウザのウィンドウ幅に応じて適切な CSS を切り替えるために、メディアクエリを使用します。

レスポンシブ Web デザインの効率的な実現には、画面ライブラリを使用することが有効です。フルードグリッドに対応した代表的な画面ライブラリとしては、Bootstrap（https://getbootstrap.jp/）があります。

なお、選択肢 C のフルードイメージでは、想定される最大のブラウザのウィンドウサイズに合わせた画像を用意することが適切です。小さな画像の場合、拡大されたときにぼやけてしまう可能性があります。

解答 C

問題 4-6

重要度 ★★★

viewport の説明として、**誤っているものを 2 つ選びなさい。**

A. ブラウザの表示領域を設定する機能である
B. viewport の指定だけでレスポンシブ Web デザインを実現できる
C. スマートフォンではブラウザの表示領域とデバイスのサイズが異なることが多い
D. viewport は CSS で設定する
E. ユーザによる拡大・縮小を制御できる

解説

viewport についての問題です。

viewport とは、ブラウザの表示領域を設定する機能のことです。**表示領域（仮想スクリーンサイズ）の指定やユーザによる拡大・縮小の制御などができます。**

多くのスマートフォンでは、ブラウザの表示領域（仮想スクリーンサイズ）がデバイス幅よりも大きく設定されています。そのため、viewport を指定していない Web ページは、表示領域に収まるように小さく表示されてしまいます。

viewport を指定していない Web ページの表示例を以下に示します。

図：viewport を指定していない Web ページ例

※ arrows Be F-05J 上の Firefox で表示

viewportの指定は、CSSではなくHTMLのmeta要素で行います。また、画面サイズに応じてCSSを切り替えるためには、viewportに加えてメディアクエリを使用します。そのため、選択肢BとDは誤りです。

解答 B, D

問題 4-7

重要度 ★☆☆

viewportの説明として、正しいものを2つ選びなさい。

A. 画面の高さをmax-heightプロパティで指定する
B. 初期拡大率をinitial-scaleプロパティで設定する
C. viewportを基準として要素の幅や高さを設定できるCSSの単位がある
D. 画面の拡大率の最大値はmax-sizeプロパティで設定する
E. ユーザによるWebページの拡大・縮小の可否は制御できない

解説 viewportについての問題です。

viewportは、meta要素のcontent属性で設定します。viewportで設定できるプロパティを以下に示します。

表：viewportで設定できるプロパティ

名称	説明	設定できる値
width	ビューポートの横幅	数値（pxやvwなど）/ device-width（画面の幅）
initial-scale	ビューポートの拡大率の初期値	拡大率（0.0～10.0）
minimum-scale	ビューポートの拡大率の最小値	拡大率（0.0～10.0）
maximum-scale	ビューポートの拡大率の最大値	拡大率（0.0～10.0）
user-scalable	ユーザによるWebページの拡大・縮小の可否	yes / no

また、CSSにはviewportを基準として要素の幅や高さを設定できる単位があります。代表的な単位を以下に示します。

表：viewportを基準としたCSSの単位

名称	説明
vw	viewportの横幅に対する割合
vh	viewportの高さに対する割合
vmin	viewportの横幅と高さのうち、値が小さいものに対する割合
vmax	viewportの横幅と高さのうち、値が大きいものに対する割合

なお、max-heightプロパティやmax-sizeプロパティはありません。また、

user-scalable プロパティを使用すれば、ユーザによる拡大・縮小の可否を制御できます。そのため、選択肢 A と D、E は誤りです。

解答 B, C

問題 4-8

重要度 ★★☆

モバイル端末のブラウザでのピンチ操作による画面の拡大や縮小を禁止したい。下記のコードの空欄に当てはまる記述として正しいものを 2 つ選びなさい。

実行例

```
<meta name="viewport" content="[          ]">
```

A. `user-scalable=yes`
B. `user-scalable=no`
C. `user-scalable=1`
D. `user-scalable=0`
E. `user-scalable=false`

□□□

解説 viewport についての問題です。
viewport で設定できる user-scalable プロパティによって、ユーザによる Web ページの拡大・縮小の可否を制御できます。デフォルト値は yes で操作が許可されており、no に指定することで操作ができないように設定可能です。また、数値による指定も可能で、1 が yes、0 が no に対応します。
なお、user-scalable=no を指定しても、ブラウザによっては設定が無視されることがあります。

解答 B, D

問題 4-9

重要度 ★★☆

viewportの横幅をデバイスと同じ幅に設定したい。空欄に当てはまるキーワードを記述して、meta要素を完成させなさい。

実行例

```
<meta name="viewport" content="width=          ">
```

□□□

解説　viewportについての問題です。

viewportは、meta要素のcontent属性で設定します。viewportの横幅を指定する場合、widthプロパティに値を指定します。デバイスの幅と同サイズに設定するには、値をdevice-widthにします。

解答　device-width

問題 4-10

重要度 ★☆☆

リセットCSSの説明として、正しいものを選びなさい。

A. ブラウザのデフォルトスタイルの差異を整えるために利用する
B. リセットCSS専用のプロパティが存在する
C. すべてのCSSプロパティを初期化する必要がある
D. リセットCSSを適用したプロパティを再上書きしない
E. ブラウザに未実装のCSSプロパティを調査するために利用する

□□□

解説　リセットCSSについての問題です。

リセットCSSとは、ブラウザのデフォルトスタイルの差異を調整するための手法です。リセットCSSを使用しない場合、同一のWebページでも、ブラウザによっては表示の差異が発生する可能性があります。

リセットCSSを実装する手段はいくつかありますが、著名なものとしてNormalize.css（https://necolas.github.io/normalize.css/）があります。Normalize.cssは、ブラウザのデフォルトのスタイルでも有用なスタイルを残して、差異の調整やブラウザのバグへの対処などを行ってくれます。

リセットCSSは個々のCSSプロパティを初期化する手法のため、リセットCSS

専用のプロパティは存在しません。また、ブラウザごとに差異のないCSSプロパティを初期化する必要はありません。なお、リセットCSSで初期化したCSSプロパティは、その後上書きすることが多々あります。ブラウザに未実装のCSSプロパティを調査する場合、Modernizr（https://modernizr.com/）などを用います。そのため、選択肢BとC、D、Eは誤りです。

解答 A

問題 4-11

重要度 ★★★

ブラウザによって初期値が異なる可能性が高いCSSプロパティとして、正しいものを選びなさい。

A. `background-color`
B. `font-family`
C. `border-radius`
D. `opacity`
E. `transition`

解説 リセットCSSについての問題です。

font-familyプロパティの初期値はブラウザによって異なります。そのため、リセットCSSを用いて初期設定をすることが望ましいです。それ以外の選択肢のプロパティは仕様で既定値が決まっているため、必ずしも初期化する必要はありません。

解答 B

問題 4-12

重要度 ★★★

メディアタイプとして指定できる値を3つ選びなさい。

A. `speech`
B. `display`
C. `projection`
D. `all`
E. `mobile`

解説 メディアタイプについての問題です。

メディアタイプとは、ユーザがWebページの閲覧に用いる**デバイスの種類**を表します。link要素のmedia属性やCSSでメディアタイプを指定することで、使用デバイスを条件にして、適用するスタイルを切り替えることができます。

主なメディアタイプと記述例を以下に示します。

表：主なメディアタイプ

メディアタイプ	説明
all	すべてのメディアタイプ
print	プリンタ
screen	一般的なカラーディスプレイ
speech	音声読み上げブラウザ
handheld	携帯電話など、画面が小さい端末
projection	プロジェクタ
braille	点字用ディスプレイ
embossed	点字用プリンタ
tv	テレビ
tty	固定幅フォントを使用するメディア

メディアタイプの記述例①

```
<link href="style.css" rel="stylesheet" media="screen, print">
```

link要素でメディアタイプを指定する場合は、media属性を使用します。また、複数のメディアタイプに対し同じスタイルを適用する場合、カンマ（,）で区切ります。

メディアタイプの記述例②

```
@media screen and print {…}
```

CSSでメディアタイプを指定する場合は、@mediaを使用します。

解答 A, C, D

問題 4-13

重要度 ★★★

viewportが320px以下で、画面が横向きの際にスタイルを適用させる場合、下記の空欄に当てはまる値を入力しなさい。

実行例

```
@media (max-width:320px) and (orientation:[          ]) {…}
```

解説 メディア特性に関する問題です。

メディア特性とは、スタイル適用対象メディアの画面サイズや画面の向き、解像度などの条件を表す情報です。メディア特性を指定することで、メディアタイプと組み合わせてさまざまな条件を表すことができます。

画面の向きを指定する際はorientation(デバイスの向き)に対して、landscape(横)かportrait(縦)を指定します。

主なメディア特性を以下に示します。

表：主なメディア特性

メディア特性	説明	値
width min-width max-width	viewportの横幅 (最大値、最小値)	0以外の整数値
height min-height max-height	viewport縦幅 (最大値、最小値)	0以外の整数値
device-width min-device-width max-device-width	スクリーンの横幅 (最大値、最小値)	0以外の整数値
device-height min-device-height max-device-height	スクリーンの縦幅 (最大値、最小値)	0以外の整数値
orientation	デバイスの向きを指定	landscape（横向き） portrait（縦向き）
aspect-ratio	ブラウザの表示領域の縦横比	整数値（横）/ 整数値（縦）
device-aspect-ratio	スクリーンの縦横比	整数値（横）/ 整数値（縦）
resolution min-resolution max-resolution	デバイスの解像度 (最大値、最小値)	整数値

解答 landscape

問題 4-14

重要度 ★★☆

メディアクエリの記述として、誤っているものを選びなさい。

A. `@media screen and (min-width:980px) {…}`
B. `@media (orientation: portrait) {…}`
C. `@media not print and (max-width:480px) {…}`
D. `@media screen and (min-width:640px) or print {…}`
E. `@media (braille, embossed) and (min-width:480px) {…}`

解説 メディアクエリの記述方法に関する問題です。

メディアクエリとは、メディアタイプやメディア特性で構成され、使用する**デバイスの条件に従ってHTMLに適用されるスタイルを切り替える**ものです。

メディアクエリは、**論理演算子**を用いることで詳細な条件を記述できます。論理積を表す場合はandを使用し、論理和を表す場合はカンマ（,）を使用します。論理演算子にorは使用できません。また、メディアタイプのallと論理演算子andは省略可能です。

解答 D

問題 4-15

重要度 ★★☆

viewportの横幅によって、スタイルをタブレット用とスマートフォン用に切り替える。横幅が640px以上であればタブレット用、640pxより小さければスマートフォン用とする。下記のコードの①②③に当てはまる記述の組み合わせとして正しいものを選びなさい。

実行例

```
@media only［ ① ］and (［ ② ］) and (max-width:1024) {…}
@media only［ ① ］and (min-width:320px) and (［ ③ ］) {…}
```

A. ① screen ② min-width:640px ③ max-width:639px
B. ① screen ② min-device-width:640px ③ max-device-width:639px
C. ① handheld ② min-device-width:640px ③ max-device-width:640px
D. ① handheld ② min-width:640px ③ max-width:639px
E. ① screen ② min-width:640px ③ max-width:640px

□□□

解説 メディアクエリの記述方法に関する問題です。

スマートフォンやタブレットは一般的なディスプレイに分類されるため、メディアタイプはscreenを指定します。

「width」「height」は**デバイスの表示領域の横幅と縦幅**を表し、「device-width」「device-height」は**デバイスのスクリーンの幅**を表します。

また、メディア特性に「min-」「max-」という接頭辞をつけることで、「以上」「以下」という条件を表すことができます。

解答 A

問題 4-16

重要度 ★☆☆

メディア特性で指定できる解像度の単位として、正しいものを3つ選びなさい。

A. dpi
B. dpcm
C. dpc
D. dppx
E. dpin

解説 メディアクエリの解像度の単位に関する問題です。

メディア特性 resolution では、画面解像度の単位として以下の 3 つが指定できます。

- **1インチあたりのドット数を表すdpi**
- **1センチメートルあたりのドット数を表すdpcm**
- **1ピクセルあたりのドット数を表すdppx**

ピクセルには**デバイスピクセル**と **CSS ピクセル**の 2 種類が存在します。従来のディスプレイでは、デバイスピクセルと CSS ピクセルの比率（デバイスピクセル比）は 1:1 でしたが、高解像度ディスプレイのデバイスピクセル比は 2:1、3:1 となっています（詳細は **4-23** の解説を参照）。

デバイスピクセル比の違いによる表示の不具合を解消するために、メディアクエリで画面の解像度ごとに適用されるスタイルを切り替えることができます。

解答 A, B, D

問題 4-17

重要度 ★☆☆

以下の誤りを含んだメディアクエリを指定した場合、実際に適用されるメディアクエリとして、正しいものを選びなさい。

実行例

```
@media not screen and min-power:53m,(min-width:480px) {…}
```

A. `@media screen and min-power:53m,(min-width:480px) {…}`
B. `@media not screen and not all,(min-width:480px) {…}`
C. `@media not all, (min-width:480px) {…}`
D. `@media not all {…}`
E. `@media not screen and (min-width:480px) {…}`

解説　メディアクエリのエラーに関する問題です。

メディアクエリの文法を誤った場合、**次のカンマ（,）までの内容はすべて not all に置き換わります**。問題文のメディアクエリは「min-power:53m」が誤っているため、先頭からカンマ（,）までは not all に置き換わり、カンマ（,）以降は正しい文法で書かれているため、そのまま適用されます。

なお、not all は「いずれのメディアでもない」という指定のため、選択肢 C は結果的に「@media (min-width:480px) {…}」と指定したことと同じになります。

解答　C

問題 4-18

重要度 ★★★

Web ページに JavaScript ファイルを読み込む方法として、正しいものを選びなさい。

A. `<script src="base.js"></script>`
B. `<script href="base.js"></script>`
C. `<script rel="base.js"></script>`
D. `<script content="base.js"></script>`
E. `<script type="base.js"></script>`

解説　script要素についての問題です。

script要素とは、JavaScriptなどのスクリプトを使用するための要素です。script要素でJavaScriptファイルを読み込むためには、src属性を使用します。なお、type属性はスクリプトのMIMEタイプを指定します。HTML StandardではJavaScriptのMIMEタイプ（text/javascriptなど）が既定値のため、省略可能です。そのほかの属性は、script要素では使用しません。

解答　A

問題 4-19

重要度 ★☆☆

script要素にdefer属性を指定した際の動作として、正しいものを選びなさい。

A. ブラウザがHTMLファイルを取得すると同期でスクリプトを取得し、取得後に即実行される
B. ブラウザがHTMLファイルを取得すると非同期でスクリプトを取得し、取得後に即実行される
C. ブラウザがscript要素をパースすると同期でスクリプトを取得し、取得後に即実行する
D. ブラウザがscript要素をパースすると、非同期でファイルを取得しスクリプトをページロード後に実行する
E. ブラウザがscript要素をパースすると、非同期でファイルを取得しスクリプトを即実行する

□□□

解説　defer属性とasync属性についての問題です。

defer属性と**async属性**は、スクリプトファイルの非同期取得に関する属性です。通常設定では、スクリプトファイルは同期処理で取得され、取得後に即実行されます。その間、ユーザインタフェースの**パース（解析）処理が中断**されます。一方、script要素にdefer属性、またはasync属性を指定すると、スクリプトファイルが非同期取得になるため、ユーザインタフェースの**パース処理が継続**されます。**defer属性とasync属性の相違点は、スクリプトの実行タイミングです。defer属性の場合、HTMLのパース完了後かつDOMContentLoadedイベント前にスクリプトが実行されます。**一方、async属性の場合、ファイル取得後にスクリプトが即実行されます。

script要素の実行イメージや記述例を以下に示します。

図：script 要素の実行イメージ

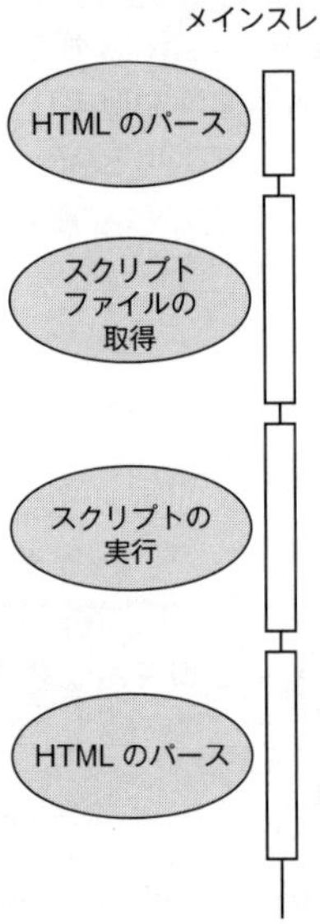

<script> のイメージ

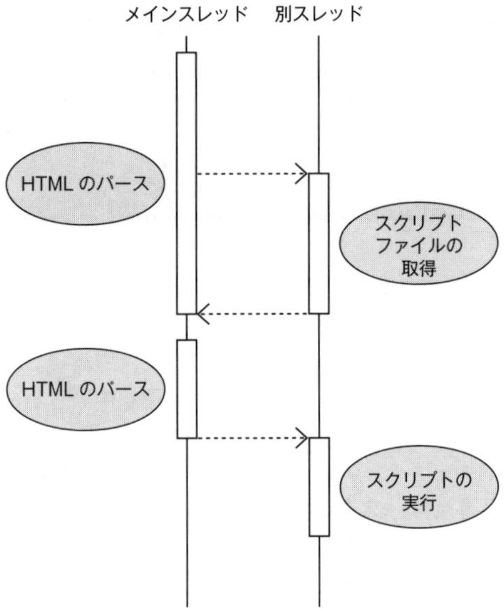

<script defer> のイメージ

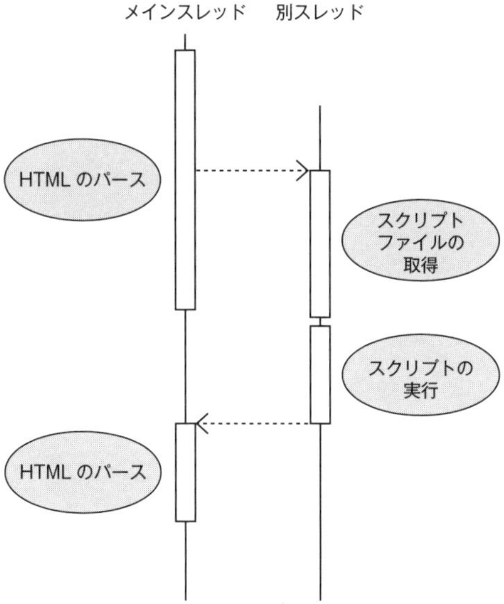

<script async> のイメージ

defer 属性や async 属性を用いた script 要素の記述例

```
<script src="content.js" defer></script>
<script src="base.js" async></script>
```

なお、選択肢 D が defer 属性の説明、選択肢 E が async 属性の説明、選択肢 A がそれらを用いないときの説明になります。それ以外の選択肢のタイミングなどで動作する属性はないため、選択肢 B、C は誤りです。

解答 D

問題 4-20

重要度 ★★☆

CSS スプライトの説明として、誤っているものを選びなさい。

A. CSS スプライトを使用することで、画像の差し替えなどサイトの更新が容易になる
B. 複数の画像を表示する場合、CSS スプライトを使用することで、サイトの表示を高速化できる
C. CSS スプライトはサイト内で繰り返し使用されるアイコンやボタンなどに使用する
D. CSS スプライトを使用するには、複数の画像をあらかじめまとめておく必要がある
E. CSS スプライトから適切な画像を表示するために、CSS を使用する

解説 CSS スプライトについての問題です。

CSS スプライトはサイトの表示を高速化するために使われるテクニックの 1 つです。**複数の画像を 1 つにまとめて背景画像とし、CSS で表示位置を指定することによって表示します。**画像ファイルをまとめることで、サーバへのリクエスト回数を減らすことができ、サイトの表示を高速化します。画像をまとめる分、ファイルサイズが大きくなるため、サイト内で 1 回しか表示されないような画像には不向きであり、繰り返し使用されるアイコンやボタンなどに向いています。CSS スプライトを使用するには、複数の画像ファイルをあらかじめまとめておく必要があるため、画像の変更には手間がかかります。よって選択肢 A は誤りです。

解答 A

問題 4-21

重要度 ★☆☆

CSSスプライトを使用し、以下の画像を通常時は「OFF」、マウスオーバー時に「ON」と表示するとき、CSSの空欄に当てはまる宣言として正しいものを2つ選びなさい。

画像

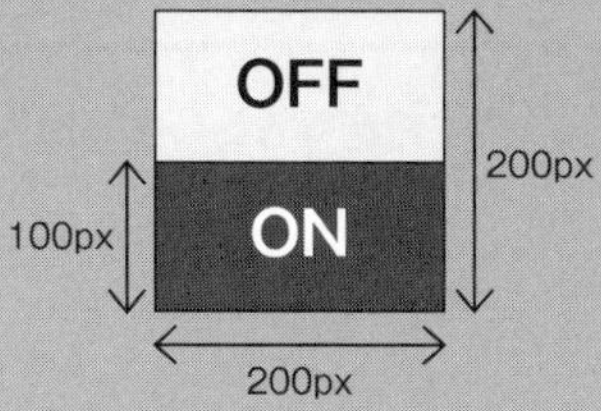

HTML

```html
<p class="sprite_sample"></p>
```

CSS

```css
.sprite_sample {
  background-image: url(/images/sample.jpg);
  height: 100px;
  width: 200px;
}

.sprite_sample:hover {
  [          ]
}
```

A. background-position: 0 100px;
B. background-position: 0 50%;
C. background-position: left bottom;
D. background-size: 0 100px;
E. background-size: contain;

解説　CSSスプライトの実装方法についての問題です。

表示位置を指定するには、background-positionプロパティを使用します。background-positionプロパティでは、1つ目の値が水平方向、2つ目の値が垂直方向の位置を指定します。background-positionプロパティについては**2-55**を参照してください。

選択肢Bは垂直方向の開始位置が誤っています。また、選択肢D、Eで使用しているbackground-sizeプロパティは画像の表示サイズを設定するプロパティのため、誤りです。

解答 A, C

問題 4-22

重要度 ★★★

スマートフォン用のブラウザによっては、数字列を電話番号として認識して自動でハイパーリンクとして扱う機能がある。この機能を無効にする場合、下記の空欄に当てはまる正しい記述を選びなさい。

実行例

```
<meta name="format-detection" content="[          ]">
```

A. tel=none　　B. tel=no
C. telephone=no　　D. telephone=yes
E. telephone=none

解説 電話番号のリンクについての問題です。

スマートフォンやタブレットなどのモバイル端末のブラウザには、数字列を電話番号と認識し自動でリンクとして扱うものがあります。また、メールアドレスや住所が自動でリンクと認識されるブラウザもあります。

電話番号が自動でリンクに認識される機能を無効化するには、meta要素のname属性にformat-detection、content属性にtelephone=noを指定します。電話番号に加えて、メールアドレスと住所の自動リンク化を無効化するコード例を以下に示します。

コード例

```
<meta name="format-detection" content="telephone=no, email=no,
address=no">
```

これらの機能を無効化することで、ブラウザ間での差異をなくし、開発者やユーザの意図しない操作を避けることができます。

解答 C

問題 4-23

重要度 ★★☆

高解像度ディスプレイにビットマップ画像を対応させるための方法として誤っているものを選びなさい。

A. 実際の表示サイズより大きなサイズの画像を使用する
B. フルードイメージを使用し、ディスプレイのサイズや解像度によって表示する画像を切り替える
C. JavaScriptのライブラリを使用し、ディスプレイのサイズや解像度によって表示する画像を切り替える
D. CSSのメディアクエリを使用し、ディスプレイのサイズや解像度によって表示する画像を切り替える
E. img要素のsrcset属性により、ディスプレイのサイズや解像度によって表示する画像を切り替える

解説 高解像度ディスプレイ対応の問題です。

高解像度ディスプレイ対応においては、**デバイスピクセル**と**CSSピクセル**の2種類のピクセルを意識する必要があります。デバイスピクセルとは端末自体が物理的にサポートするピクセルを指し、CSSピクセルとはCSSにおいて理論値として解釈されるピクセルを指します。従来のディスプレイでは、デバイスピクセルとCSSピクセルの比率（デバイスピクセル比）が1：1であったのに対し、高解像度ディスプレイでは、2：1、3：1となっています。つまり、高解像度ディスプレイのほうが、密度（density）が高いといえます。デバイスピクセル比のイメージを以下に示します。

図：デバイスピクセル比のイメージ

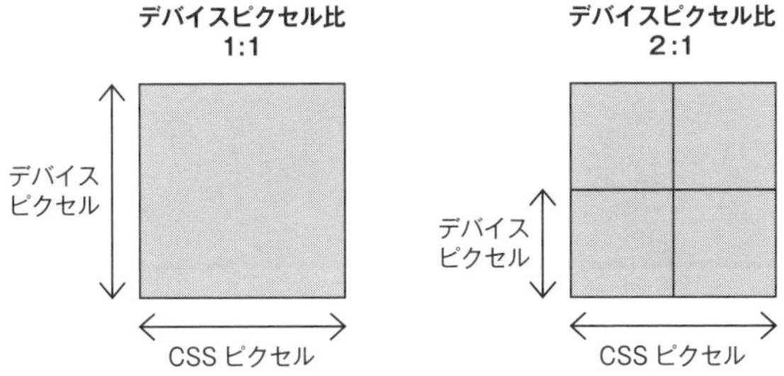

ディスプレイ自体の大きさは同じでも、2：1のディスプレイは1：1のデバイスと比べて4倍のピクセル数となるため、より精密な描画ができることになります。Webサイトに画像を表示する場合、適切な対応を行わないと、ぼやけてしまいます。

高解像度ディスプレイにビットマップ画像を対応させる方法として、以下の方法があります。

- **実際の表示サイズより大きなサイズの画像を使用する**
- **JavaScriptのライブラリを使用し、ディスプレイのサイズや解像度によって表示する画像を切り替える**
- **CSSのメディアクエリを使用し、ディスプレイのサイズや解像度によって表示する画像を切り替える**
- **img要素にsrcset属性を指定し、ディスプレイのサイズや解像度によって表示する画像を切り替える**
- **picture要素内のsource要素のmedia属性を指定して、ディスプレイのサイズや解像度によって表示する画像を切り替える**

なお、選択肢Bのフルードイメージは画像の大きさをウィンドウサイズによって変えるための技術であり、画像を切り替えることはできません。

解答 B

問題 4-24

重要度 ★☆☆

img 要素に srcset 属性を指定する場合の説明として、正しいものを 3 つ選びなさい。

A. ディスプレイの解像度に合わせて、表示する画像を切り替えることができる
B. viewport の幅に合わせて、表示する画像を切り替えることができる
C. srcset 属性に非対応のブラウザでは、src 属性に指定した画像が表示される
D. ページの読み込み時に、srcset 属性に指定された複数の画像をすべて読み込むため、通信が遅くなる可能性がある
E. srcset 属性には複数の画像を指定できない

□□□

解説 srcset 属性についての問題です。

img 要素の **srcset 属性は、高解像度の画面に画像を対応させるための技術の1つです。** ディスプレイの解像度や幅に合わせて、ブラウザが最適な画像を読み込みます。適切な画像のみを読み込むため、srcset 属性で指定したすべての画像を読み込むわけではありません。

srcset 属性の書式

```
srcset="画像ファイル名 条件"
```

srcset 属性には複数の画像を指定できます。srcset 属性を使用した場合の記述例を以下に示します。

記述例① 解像度によって画像を切り替える場合

```
<img src="images/sample.jpg"
     srcset="images/sample3.jpg 3x,images/sample2.jpg 2x,
             images/sample1.jpg"
     alt="FLM">
```

記述例② 幅によって画像を切り替える場合

```
<img src="images/sample.jpg"
     srcset="images/sample1280.jpg 1280w,images/sample640.jpg 640w,
             images/sample320.jpg 320w"
     sizes="100vw"
     alt="FLM">
```

条件として、ディスプレイの解像度を指定する場合には、記述例①のように「x」をつけた数値を使用します。デバイスピクセル比が **2：1** の場合は、「2x」に相当します。なお、解像度指定を省略した場合は、「1x」が既定値になります。たとえば、デバイスピクセル比が **2：1** の Retina ディスプレイで Web ページを閲覧した場合は、images/sample**2**.jpg が表示され、デバイスピクセル比が **1：1** のディスプレイで Web ページを閲覧した場合は、images/sample**1**.jpg が表示されます。

条件として、ブラウザの幅を指定する場合には、記述例②のように「w」をつけた数値を使用します。「320w」は横幅 320px を表します。幅を指定する場合は、sizes 属性で img 要素が viewport に対して占める幅を指定することが一般的です。sizes 属性に指定する単位である「vw」については、**4-7** を参照してください。

なお、一部のブラウザは、srcset 属性に非対応ですが、非対応のブラウザでは、src 属性に指定した画像が表示されます。

解答 A, B, C

問題 4-25

重要度 ★☆☆

ファビコンの設定に使用する要素として、正しいものを選びなさい。

A. meta　　B. a
C. link　　D. style
E. title

解説　ファビコンについての問題です。

ファビコンとは、Webページで使用するアイコンのことです。指定したファビコンは、ブラウザのタブやブックマークなどに表示されます。ファビコンの指定には、link要素を用います。なお、そのほかの要素では、ファビコンを指定できません。

ファビコンを指定する記述例を以下に示します。

ファビコンの指定例

```
<link rel="icon" href="favicon.ico">
```

解答　C

問題 4-26

重要度 ★☆☆

スタンドアロンモードの説明として、正しいものを2つ選びなさい。

A. iOS上のSafariでのみ使用できる
B. オフラインでWebページを使用できる
C. セキュリティ対策になる
D. OSを問わずすべての環境上のChromeで使用できる
E. アドレスバーを非表示にできる

解説　スタンドアロンモードについての問題です。

スタンドアロンモードとは、iOS上のSafariのアドレスバーを非表示にする機能です。ユーザに対して、Webページをアプリケーションであるかのように見せることができます。スタンドアロンモードはmeta要素を用いて指定します。

スタンドアロンモードの記述例を以下に示します。

スタンドアロンモードの記述例

```
<meta name="apple-mobile-web-app-capable" content="yes">
```

スタンドアロンモードでの実行イメージを以下に示します。

図：実行イメージ

なお、Webページをオフラインで使用できるようにするにはService Workers（**5-19**を参照）を使用します。また、スタンドアロンモードはセキュリティ対策にはなりません。

解答 A, E

問題 4-27

重要度 ★★★

Webページのショートカットをスマートフォンのホーム画面に表示する際の説明として、誤っているものを選びなさい。

A. link要素で設定できる
B. 複数サイズのアイコンを指定できる
C. ホーム画面上にアイコンを表示できる
D. アイコンに適用される効果を無効化できる
E. スプラッシュスクリーンが適用される

解説 apple-touch-icon および apple-touch-icon-precomposed についての問題です。

apple-touch-icon は、ホーム画面に表示するショートカットのアイコンを指定する設定です。スマートフォンによっては、アイコンに影などの効果がつく場合があるため、無効化する場合は **apple-touch-icon-precomposed** を使用します。

アイコンの指定には、link 要素を用います。そして、rel 属性に apple-touch-icon、または apple-touch-icon-precomposed を、href 属性に表示するファイルを指定します。また、size 属性でアイコンのサイズを指定することもできます。

apple-touch-icon の設定例を以下に示します。

apple-touch-icon の設定例

```
<link rel="apple-touch-icon" size="192x192" href="touch-icon.png">
```

図：ホーム画面に表示するショートカットのアイコンイメージ

なお、apple-touch-icon は iOS 以外の環境上（Android など）の一部ブラウザでもサポートされています。HTML5.2 から、rel 属性の正式な値となりましたが、すべてのブラウザがサポートするわけではないと断り書きが付けられています。そのため、**スマートフォンでのアイコンの指定やスタンドアロンモードについての標準仕様として、Web App Manifest の策定が進められています。**より Web 標準にのっとった Web ページを作成する場合や apple-touch-icon が動作しないブラウザを対象とする場合は、Web App Manifest の使用を検討してください。

また、スプラッシュスクリーンはアプリケーション起動時に表示される起動画面のことです。apple-touch-icon でスプラッシュスクリーンを設定することはできません。スプラッシュスクリーンの指定は Web App Manifest で行います。

解答 E

5章

APIの基礎知識

本章のポイント

▶ マルチメディア・グラフィックス系API概要
Webコンテンツでビデオやオーディオを扱うための基礎知識を確認します。また、Canvasといった JavaScriptで描画する技術も扱います。

重要キーワード
HLS、MPEG-DASH、Media Source Extensions、Encrypted Media Extensions、Canvas、SVG

▶ デバイスアクセス系API概要
スマートフォンやパソコンなどのデバイスに備え付けられているセンサー操作に関する技術を扱います。デバイス操作は試験範囲外のJavaScriptで行うため、本章では概要の理解にとどめます。

重要キーワード
Geolocation API、DeviceOrientation Event、DOM3 Events (UI Events)、Touch Events、Pointer Events、Generic Sensor API

▶ オフライン・ストレージ系API概要
データ保存やオフラインアプリケーション、バックグラウンド処理などの概要を理解して、Webアプリケーションで何を実現できるのかを把握します。これらの処理は試験範囲外のJavaScriptで行うため、本章では概要の理解にとどめます。

重要キーワード
Web Storage、Indexed Database API、Web Workers、Service Workers、Push API

▶ 通信系API概要
さまざまな通信プロトコルの概要を理解します。通信処理は試験範囲外のJavaScriptで行うため、本章では概要の理解にとどめます。

重要キーワード
XMLHttpRequest/Fetch API、WebSocket API、Server-Sent Events、WebRTC

問題 5-1

重要度 ★☆☆

JavaScript から操作できる video 要素、audio 要素の機能に関する説明として、正しいものを 2 つ選びなさい。

A. 音量を 0 ～ 100 で設定できる
B. 再生速度を変更できる
C. 再生位置は変更できない
D. 再生メニューの表示 / 非表示を切り替えができる
E. 全画面表示の切り替えができる

解説 メディア関連要素の API に関する問題です。

HTML Standard では、**JavaScript** を通じて video 要素、audio 要素のコンテンツを制御できます。JavaScript で取得できる情報や制御可能な内容を以下に示します。

JavaScript で取得できる主な情報

・自動再生の設定
・再生メニューの表示 / 非表示
・現在の再生時間
・音量
・音声のミュート設定
・再生速度の設定
・メディアの長さ
・繰り返し再生の設定
・ネットワークの状況

JavaScript で制御できる主な機能

・再生の開始
・再生の一時停止
・再生位置の変更

なお、音量は 0 ～ 1 の範囲で設定するため、選択肢 A は誤りです。また、再生位置は変更でき、全画面表示の切り替えはできないため、選択肢 C、E も誤りです。

解答 B, D

問題 5-2

重要度 ★★☆

動画のストリーミング再生に使用されるプロトコルを2つ選びなさい。

A. WebM
B. HLS
C. Encrypted Media Extensions
D. Media Source Extensions
E. MPEG-DASH

解説 ストリーミング技術に関する問題です。

ストリーミング技術とは、動画コンテンツなどをダウンロードしながら再生する技術のことです。また、**Adaptive Streaming**とは、ネットワークの状況に応じて動画の再生品質を動的に変更することで、動画コンテンツのスムーズな再生を可能にする仕様です。

Adaptive Streamingを実現するプロトコルとして、AppleがHTTPをベースに開発した**HLS（HTTP Live Streaming）**や、ストリーミング技術の標準化を目的に複数企業が開発した**MPEG-DASH（Dynamic Adaptive Streaming over HTTP）**などの種類があります。MPEG-DASHは標準仕様であるMSE（**5-3**を参照）から操作でき、ファイルのコーデックにも依存しません。そのためMPEG-DASHのほうが、汎用性が高いです。

選択肢AのWebMはWebで利用できる動画フォーマットのため、誤りです。選択肢CのEncrypted Media Extensionsおよび選択肢DのMedia Source Extensionsについては、**5-3**の解説を参照してください。

解答 B, E

問題 5-3

重要度 ★★☆

動画のストリーミング配信で用いられるMedia Source Extensions（MSE）の説明として、正しいものを3つ選びなさい。

A. 動画を分割することで、合間に広告を挿入したり、動画を編集したりできる
B. MSEを使用するにはプラグインが必要である
C. Encrypted Media Extensionsを組み合わせることで、コンテンツを保護できる
D. コンテンツを再生するには、コンテンツをすべて読み込み終える必要がある
E. ネットワークの状況に応じてストリーミングのビットレートを変更することで、コンテンツを途切れずに再生できる

□□□

解説 Media Source Extensions（MSE）に関する問題です。

MSEとは、**HLS**や**MPEG-DASH**をサポートする技術であり、video要素などをプラグインなしでストリーミング再生可能にします。MSEは、あらかじめ短い時間に区切られたメディアデータを扱うため、動画の合間に広告やそのほかのコンテンツを挿入したり、コンテンツの途中から再生を開始したりできます。また、ネットワーク帯域幅やCPU使用率に基づいてストリーミングのビットレートを変更することもできます。なお、MSEには**デジタル著作権管理（DRM）**の仕組みがないため、不正にコンテンツをコピー・再配布される危険性があります。これらの危険性を低減するには、暗号化の機能を用いてコンテンツを保護できる**Encrypted Media Extensions（EME）**を使用します。

解答 A, C, E

問題 5-4

重要度 ★★☆

Canvasの説明として、正しいものを2つ選びなさい。

A. CanvasはHTMLを使って図を描画する
B. ベクター形式で描画するため、拡大・縮小によって図形が劣化しない
C. アニメーション描画のメソッドは用意されていないため、描画を繰り返すことでアニメーションを実現する
D. Canvasで描画した図はDOMツリーを構成するため、JavaScriptから操作できる
E. PNG、GIF、JPEGなどの画像を読み込んで利用できる

解説

Canvasに関する問題です。

Canvasとは、JavaScriptを使ってブラウザ上に図を描画する機能です。**ビットマップ形式**で描画を行うためDOMツリーは構成しませんが、JavaScriptからCanvas上のピクセル情報を操作できます（ビットマップ形式については、**5-6**の解説を参照してください）。アニメーション描画のメソッドは存在しませんが、**静止画の描画を繰り返すことでアニメーションを実現**できます。

また、ブラウザに対応した画像ファイルをCanvasに読み込み、加工し、画像ファイルとして書き出すことも可能です。

なお、DOM（Document Object Model）ツリーとは、document要素を頂点として、HTML要素を解析したものです。JavaScriptでHTML要素を操作するためには、DOMツリーの階層構造を把握する必要があります（JavaScriptは試験範囲外のため、本書では扱いません）。

DOMツリーのイメージを以下に示します。

HTMLの記述例

```
<html>
  <head>
    <meta charset="utf-8">
    <title>FLM</title>
  </head>
  <body>
    <div>
      <h1>Cat</h1>
    </div>
  </body>
</html>
```

図：DOM ツリー

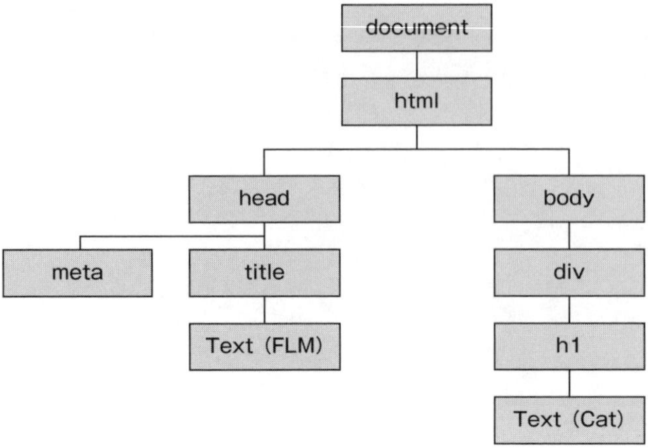

解答 C, E

問題 5-5

重要度 ★★☆

SVG の説明として、誤っているものを 2 つ選びなさい。

A. 描画した図形は DOM 要素として扱われるため、JavaScript から変形やアニメーションの操作ができる
B. SVG 形式のファイルを HTML で表示するには、svg 要素の利用が必須である
C. ベクター形式で描画を行うため、拡大しても画像の劣化が発生しにくい
D. SVG は XML で表現でき、テキストエディタで編集することが可能である
E. HTML だけで図形の描写はできず、JavaScript と組み合わせる必要がある

解説 SVG に関する問題です。

SVG とは Web で利用できる**ベクター形式**の画像データであり、実態は XML に基づいたマークアップ言語です。SVG の画像は計算式で表現されるため、**画像を拡大しても画像の劣化が発生しにくい**という特徴があります。また、SVG で描画された図形は DOM ツリーを構成するため、一度描画した図形を JavaScript から操作することが可能です。

SVG を HTML で表示するには svg 要素を利用するほか、img 要素、CSS を利用

する方法などがあります。
SVGのマークアップ例を以下に示します。

図：表示される画像のイメージ

※実際は、左図は赤で、右図は青で表示される

<svg> タグを利用する場合

```
<svg width="250" height="250" >
  <rect x="75" y="75" width="75" height="75" fill="red">
</svg>
<svg width="250" height="250" >
  <circle cx="100" cy="100" r="50" fill="blue">
</svg>
```

svg要素を利用することで、HTMLファイルにSVGのソースコードを記述することができます。また、このソースコードをsvg形式のファイルに保存することで、下記のようにimg要素やCSSでSVGを使用できます。

imgタグを利用する場合

```
<img src="image.svg">
```

img要素を利用する場合は、src属性の値にsvg形式の画像データを指定します。

CSSを利用する場合

```
セレクタ {
  background-image: url("image.svg");
}
```

CSSを利用する場合は、background-imageプロパティを使い、背景画像としてsvg形式の画像データを読み込みます。

解答 B, E

問題 5-6

重要度 ★★☆

Canvas と SVG の特徴の説明として、正しいものを 3 つ選びなさい。

A. SVG は写真のように複雑で細かい画像を描画するのに適している
B. SVG で描画する図形が増えると、パフォーマンスが低下する
C. Canvas はアニメーションを実現できる
D. Canvas で描画を行う際、画像のサイズは処理速度に影響を与えない
E. SVG 形式の画像は計算式で表現されるため、画像の拡大・縮小によって画質の劣化が発生しにくい

解説 Canvas および SVG の特徴に関する問題です。

Canvas は**ビットマップ形式（ピクセルの集合）**で描画を行います。そのため、写真のように複雑で細かい画像の描画に向いています。また、画像のサイズが同じであれば、その複雑さは処理速度に影響を与えません。一方で、画像のサイズが大きくなると、描画するピクセルが増えるため処理速度は低下します。なお、Canvas は画像だけでなくアニメーションも実現できます。

SVG は**ベクター形式（図形の集合）**で描画を行います。そのため、画像の拡大・縮小によって画質の劣化は発生しにくいという特徴を持ちます。しかし、描画する図形ごとに DOM が追加されるため、複雑な画像の表示によって処理速度が低下します。

図：Canvas と SVG の比較画像

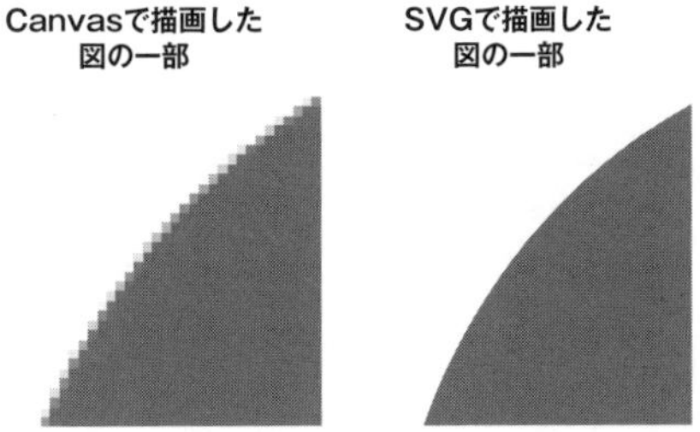

解答 B, C, E

問題 5-7

重要度 ★★☆

Geolocation APIの説明として、正しいものを2つ選びなさい。

A. 緯度と経度を取得できる
B. ロケールごとの地域情報（日本ならば都道府県）を取得できる
C. 取得したデータの精度は不明である
D. ユーザの許可がなくとも位置情報を取得できる
E. GPSのついていない端末でも使用できる

解説 Geolocation APIについての問題です。

Geolocation APIを使用すると、デバイスの位置情報にアクセスできます。Geolocation APIでは、**緯度や経度、高度、方角、速度の精度**を取得できます。Geolocation APIを使用するためには、**ユーザの許可が必要**です。そのため、必ずしも位置情報を取得できるとは限りません。また、ブラウザの制約により、HTTPS通信でなければ動作しません。

Geolocation APIでユーザの許可を求めるイメージ図を以下に示します。

図：Geolocation APIでユーザの許可を求めるプッシュ通知

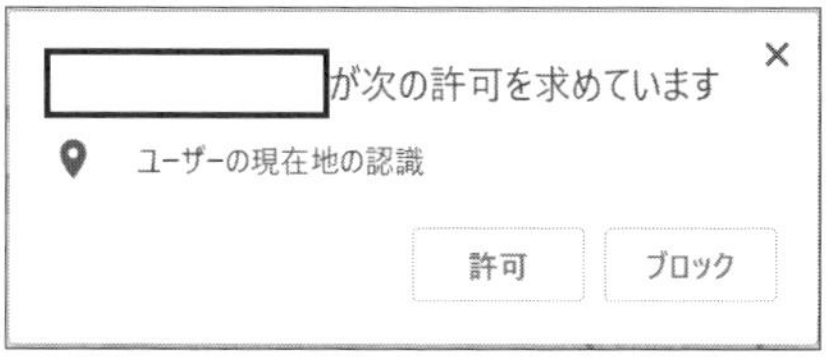

なお、PCのようにGPS情報が取得できない場合でも、Wi-FiアクセスポイントやIPアドレスなどを使用し、おおよその位置情報を取得できます。ただし、実際の場所と位置情報のずれが大きくなる可能性が高いです。また、ロケールごとの地域情報を取得することはできません。

解答 A, E

問題 5-8

重要度 ★★☆

スマートフォンで位置情報を取得する場合について、誤っているものを選びなさい。

A. 位置情報を取得するときには、Geolocation API を使用する
B. 位置情報を取得するときには、ブラウザに位置情報の利用を許可するかどうかのダイアログが表示される
C. 現在地から移動したときでも、監視して自動的に新しい位置情報を取得できる
D. 地図サービスなどと連携して、地図上に現在位置を表示できる
E. ユーザの環境によって取得できる位置情報の精度や取得時間は一定である

□□□

解説 Geolocation API についての問題です。

Geolocation API を使用することで、緯度や経度などのユーザの位置情報を取得できます。Geolocation API はユーザの許可なく位置情報を取得することができないため、位置情報の取得時に、ダイアログなどでユーザに許可するかどうかの確認を行います。Geolocation API で取得した位置情報をもとに、地図サービスと連携することで、地図上に現在位置などの表示を行えます。また、現在地から移動した場合でも、監視して自動的に新しい位置情報を取得することもできます。

なお、**ユーザの環境によって取得できる位置情報の精度や取得時間は異なる可能性がある**ため、選択肢 E は誤りです。

解答 E

問題 5-9

重要度 ★☆☆

デバイスの向きが変化したときにユーザインタフェースを変更できる技術として、正しいものを 2 つ選びなさい。

A. CSS スプライト
B. メディアクエリ
C. DeviceOrientation Event
D. Composition Event
E. Wheel Event

□□□

解説 DeviceOrientation Event ついての問題です。

DeviceOrientation Event とは、デバイスの方角や傾きが変化したときに発生するイベントです。DeviceOrientation Event では、**デバイスの左右の傾き（y 軸）、前後の傾き（x 軸）、ひねり（z 軸）を取得できます。**そのため、DeviceOrientation Event が発生したタイミングで、JavaScript のプログラムを用いてユーザインタフェースを変更できます。また、メディアクエリ（**4-14** を参照）を用いてユーザインタフェースを切り替えることもできます。

なお、選択肢 A は画像処理の手法、選択肢 D と E はデバイスの傾きに関係のない DOM3 Events のため、誤りです。

解答 B, C

問題 5-10

重要度 ★☆☆

Geolocation API で取得できるデバイスの情報として、誤っているものを選びなさい。

A. 高度
B. 加速度
C. 速度
D. 緯度
E. 経度

解説 Geolocation API についての問題です。

Geolocation API でユーザの位置情報を取得できます。

選択肢 B の加速度は Geolocation API では取得できません。加速度は Generic Sensor API で取得できます（Generic Sensor API については **5-14** 参照）。そのほかの選択肢の値はすべて Geolocation API で取得できます。

解答 B

問題 5-11

重要度 ★☆☆

DOM3 Eventsとして、誤っているものを2つ選びなさい。

A. ブラウザタブの移動に関連するイベント
B. ファイルダウンロードに関連するイベント
C. フォーカスの状態変化に関連するイベント
D. キーボード操作に関連するイベント
E. マウスなどのホイール装置の操作に関連するイベント

解説 DOM3 Events（UI Events）についての問題です。

DOM3 Events（UI Events） とは、ユーザによるマウスやキーボードなどの入力操作を取り扱うためのイベントです。イベントが発生すると、JavaScriptで記述したプログラムを実行できます。そのため、ユーザの操作に合わせてユーザインタフェースを変更するなど、インタラクティブなWebページを作成できます。

DOM3 Eventsの中で定義されているイベントを以下に示します。

表：DOM3 Events（UI Events）

イベントの種類	説明
UIイベント	UIやHTML文書の操作に関連するイベント
フォーカスイベント	フォーカスに関連するイベント
マウスイベント	マウス操作に関連するイベント
ホイールイベント	ホイール装置の操作に関連するイベント
入力イベント	入力などに関連するイベント
キーボードイベント	キーボード操作に関連するイベント
コンポジションイベント	IMEの操作に関連するイベント

選択肢AとBに関連するイベントは定義されていません。

解答 A, B

問題 5-12

重要度 ★☆☆

ユーザの操作とそれに伴い発生する UI Events の組み合わせとして、誤っているものを選びなさい。

A. テキストボックスにフォーカスする ― フォーカスイベント
B. テキストボックスに名前を入力する ― 入力イベント
C. マウスカーソルを画像に重ねる ― マウスイベント
D. マウスホイールをクリックする ― ホイールイベント
E. キーボードのキーを押下する ― キーボードイベント

□□□

解説　DOM3 Events（UI Events）についての問題です。

マウスホイールをクリックするとマウスイベント（クリックイベント）が発生します。そのため選択肢 D は誤りです。そのほかのイベントについては、**5-11** を参照してください。

解答　D

問題 5-13

重要度 ★★☆

Touch Events および Pointer Events の説明として、誤っているものを 2 つ選びなさい。

A. どちらともタッチ操作をイベントとして検知することができる
B. Touch Events とは、画面を指で操作しているときの状態変化に関連するイベントである
C. Touch Events は、ダブルタップやスワイプなどの操作にも対応している
D. Pointer Events とは、マウスやペン、タッチパネルなどさまざまなデバイスからのポインタ入力を取り扱うためのイベントである
E. Pointer Events は、スマートフォン固有の操作にのみ用いる

□□□

解説　Touch Events および Pointer Events についての問題です。

Touch Events とは、画面を指で操作しているときの状態変化に関連するイベントです。マウスイベントと似ていますが、Touch Events はマルチポイントタッチ

に対応するなど、**タッチスクリーンを想定した仕様になっています**。ただし、ダブルタップやスワイプなどの特殊な操作には対応していません。

Pointer Eventsとは、さまざまなデバイスからのポインタ入力を取り扱うためのイベントです。Pointer Eventsは、マウスやペン（スタイラス）、タッチなど、**さまざまなポインティングデバイスに対応しています**。そのため、複数のポインティングデバイスの操作を統一したAPIで操作できます。Pointer Eventsはマウスイベントとは異なり、ポインタ（ペンなど）の圧力や傾きなどを取得できます。

解答 C, E

問題 5-14

重要度 ★★☆

さまざまなタイプのセンサーデータに対して統一した方法でアクセス可能なAPIとして、正しいものを選びなさい。

A. Geolocation API
B. Web Socket API
C. DOM API
D. Generic Sensor API
E. Push API

□□□

解説 Generic Sensor APIについての問題です。

Generic Sensor APIは、デバイスのセンサー操作を統一されたデザインで公開するためのインタフェースです。デザイン統一のために、各種センサー用のAPIはSensorインタフェースを継承して実装されています。

各種センサー用のAPIを以下に示します。

表：各種センサー用API

センサー名	API
絶対方位センサー	AbsoluteOrientationSensor
加速度センサー	Accelerometer
環境光センサー	AmbientLightSensor
加速度センサー	GravitySensor
ジャイロセンサー	Gyroscope
線形加速度センサー	LinearAccelerationSensor
磁気センサー	Magnetometer
相対方位センサー	RelativeOrientationSensor

各種センサーからのデータ取得やエラーなどはイベントとして通知されます。なお、センサーの利用に当たっては、ユーザの許可が必要になります。許可取得には

Permissions API を使用します。ユーザの許可を確認後、加速度センサーからデータを読み取る reading イベントが発生すると、X 軸の値を表示するコード例を以下に示します。

コード例

```
navigator.permissions.query({ name: 'accelerometer' })
            .then(result => {
                if (result.state === 'denied') {
                    return;
                }
                const sensor = new Accelerometer();
                sensor.start();
                sensor.addEventListener('reading', e => {
                    alert(e.x);
                });
            });
```

選択肢 A、B、C、E はいずれもセンサーデータにアクセスするための API ではありません。

解答 D

問題 5-15

重要度 ★★☆

Web Storage の説明として、正しいものを 2 つ選びなさい。

A. キーと値の組み合わせでデータを保持する
B. blob データ（画像など）を保存できる
C. sessionStorage は、ブラウザを閉じてもデータを保持する
D. localStorage は、ブラウザを閉じるとデータが消失する
E. localStorage は、ウィンドウやタブ間でデータを共有できる

解説 Web Storage についての問題です。

Web Storage とは、ブラウザにキーと値の組み合わせでデータを保持する仕組みです。Web Storage には、localStorage と sessionStorage の 2 種類があります。**localStorage と sessionStorage の主な違いは、データの保存期間**です。localStorage は、ブラウザが閉じられてもデータを保持し、ウィンドウやタブ間でデータを共有できます。一方、sessionStorage は、ブラウザが閉じられると同時にデータが消失し、新しいウィンドウやタブを開くと新しいセッションが開始されます。

Web Storage に**保存できるデータは文字列のみ**です。そのため、blob データ（画

像など）をそのまま保存することはできません。blob データなどを格納したい場合は、Data URI スキーム（**1-26** を参照）などに変換します。また、処理は同期で行われます。

解答 A, E

問題 5-16

重要度 ★★☆

Indexed Database API について、誤っているものを 2 つ選びなさい。

A. 非同期で処理が実行される
B. 値としてオブジェクトを格納できる
C. インデックスやトランザクションを使用できる
D. データの操作を SQL で行う
E. ブラウザを閉じるとデータが消失する

解説 Indexed Database API についての問題です。

Indexed Database API とは、構造化されたデータを保存する仕組みです。リレーショナルデータベースのように、インデックスによる検索やトランザクションによる安全な操作をできる点が特徴です。ただし、リレーショナルデータベースと異なり、Indexed Database API は SQL ではなく **JavaScript で操作します。**

Indexed Database API に**格納できる値の種類は文字列やファイル、blob など**です。さらに、格納などのデータ処理は非同期で実行されるため、パフォーマンスが優れています。また、ブラウザが閉じられても、明示的にデータを破棄しない限り、永続的にデータを保持します。

解答 D, E

問題 **5-17** 重要度★★★

新規にWebアプリケーションを作成するに当たり、以下の要件を満たす技術として、適切なものを選びなさい。

- **大容量のデータを保存する**
- **データを永続保存する**
- **ファイルやblobを保存する**
- **パフォーマンスが求められる**

A. Web SQL
B. Indexed Database API
C. localStorage
D. sessionStorage
E. HTTP クッキー

解説 データ保存についての問題です。

ブラウザでデータを保存する主な技術として、HTTPクッキーやWeb Storage (localStorageとsessionStorage)、Indexed Database APIがあります。それぞれの特徴を以下に示します。

表：主なデータ保存技術の特徴

	Cookie	Web Storage	Indexed Database API	（参考）Web SQL
保存容量	4KB	ブラウザによって容量が異なる	ブラウザによって容量が異なる	ブラウザによって容量が異なる
保存期間	有限	無期限 / セッション	無期限	無期限
データ形式	文字列	文字列	ネイティブ / オブジェクト	ネイティブ / オブジェクト
非同期	×	×	○	○
特徴	セッションなどで使用される	シンプルなAPIで、大容量データを保存できる	さまざまなデータを扱える。APIが複雑なため、実装が難しい	SQLライクの文法でデータを操作できる
備考	最も実装が進んでいる	文字列以外のデータを扱う場合は別途変換などを行う必要がある	DBとは操作方法が異なる	仕様策定が中止されているため、非推奨

設問の要件を最も満たす技術はIndexed Database APIです。なお、**Web SQLは仕様策定が中止している**ため、新規作成時の技術として適切ではありません。

解答 B

問題 5-18

重要度 ★☆☆

Web Workers の説明として、誤っているものを選びなさい。

A. JavaScript の処理を並列に処理できる
B. ワーカが実行する処理は、JavaScript ファイルに記述する
C. ワーカは、独立したスレッドとしてバックグラウンドで処理される
D. ワーカから DOM にアクセスできる
E. メインスレッドとワーカの間で、データを交換できる

解説 Web Workers についての問題です。

Web Workers とは、JavaScript を**並列実行**するための仕様です。Web Workers では、ワーカと呼ばれる JavaScript の処理単位を、Web ページの描画処理を実行するメインスレッドから分離し、バックグラウンドで実行します。メインスレッドとワーカは並列実行されるため、Web ページのパフォーマンスを向上できます。

Web Workers を使用した処理実行のイメージを以下に示します。

図：Web Workers の実行イメージ

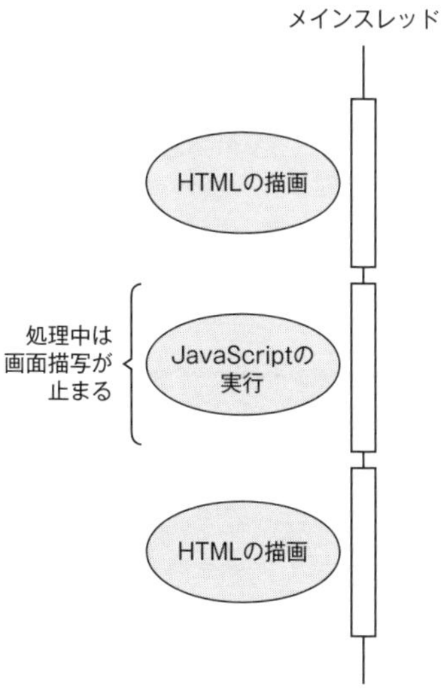

同期処理のイメージ

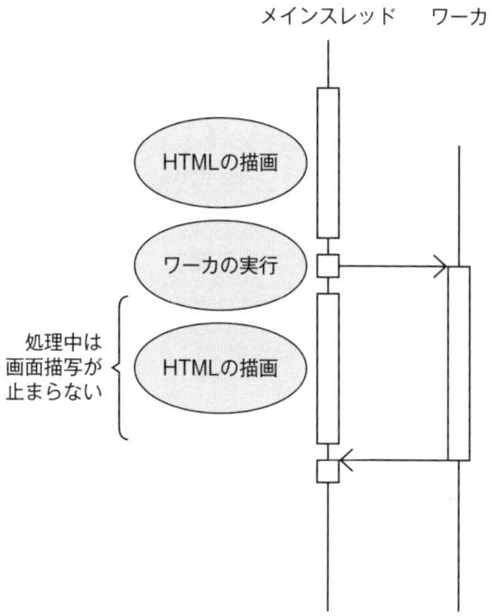

Web Workers のイメージ

ワーカで実行する処理は、HTMLファイル内ではなく、JavaScriptファイルに記述します。生成したワーカは、メインスレッドのDOMへアクセスできません。また、メインスレッドとワーカが保持しているデータはそれぞれ独立しています。そのため、データを共有するには、明示的にメッセージの交換を行います。

解答 D

問題 5-19

重要度 ★☆☆

Service Workersの説明として、正しいものを2つ選びなさい。

A. オフラインでデータを格納できるストレージの一種である
B. ブラウザのバックグラウンドでスクリプトを実行できる
C. オフラインWebアプリケーションを実現できる
D. HTTP通信でのみ動作する
E. ほかのAPIとは組み合わせず、単体で使用する

解説 Service Workersについての問題です。

Service Workersとは、Webページとは別にブラウザのバックグラウンドで動作するJavaScript実行環境です。関連するAPIを組み合わせることで、オフライン処理やプッシュ通知などの機能を提供できます。Service Workersは、セキュリティへの配慮がなされており、HTTPS通信でしか動作しません。

また、Service Workersはあくまで実行環境です。特定の処理を実行するには、単体で使用するのではなく、ほかのAPIと組み合わせます。たとえばオフラインWebアプリケーションやデータ保存などを実現するには、Cache APIやWeb Storageなどと組み合わせます。

解答 B, C

問題 5-20

重要度 ★★☆

プッシュ通知を実現する技術の説明として、正しいものを3つ選びなさい。

A. Push APIを使用して、サーバからのプッシュ通知を受信できる
B. Push APIを使用して、プッシュ通知のメッセージ取得を行う
C. プッシュ通知を受信するにはブラウザを最前面表示にしている必要がある
D. Service Workers内でPush APIを使用することでプッシュ通知の受信ができるようになる
E. XMLHttpRequestを使用することで、サーバからのプッシュ送信を実現できる

解説 プッシュ通知についての問題です。

プッシュ通知とは、サーバからユーザに対して任意のタイミングで通知できる仕組みのことです。アプリケーションの再利用を促すことができるため、スマートフォンのネイティブアプリケーションでよく利用されています。Push APIを使用することで、ブラウザでもサーバからのプッシュ通知を受信できるようになります。

プッシュ通知の表示にはNotifications APIを使用できます。また、プッシュ通知を実現するには、Service Workers内でPush APIを使用します（**5-19**を参照）。

なお、選択肢Eのサーバからのプッシュ送信を実現するAPIは、Server-Sent Eventsです。

解答 A, B, D

問題 5-21

重要度 ★★☆

スマートフォン上でネイティブアプリのように動作するWebアプリケーションを開発するときの説明として、誤っているものを選びなさい。

A. Service Workersを使用することで、オフライン処理やプッシュ通知を実現できる
B. Service Workers上でリソースをキャッシュする場合、Cache APIを使用する
C. プッシュ通知を受信する場合、Push APIを使用する
D. Service Workers上でサーバと非同期通信を行う場合、XMLHttpRequestを使用する
E. スマートフォンの位置情報を取得する場合、Geolocation APIを使用する

解説　Service Workersやデバイスアクセス系APIについての問題です。

HTML StandardのAPIを使用することで、スマートフォン上でネイティブアプリのように動作するWebアプリケーションを開発することが可能です(Progressive Web Appsと呼ばれています)。そのアプリケーションの中核技術には、Service Workersがあげられます。Service Workersを使用することで、オフライン処理やプッシュ通知を実現できます。

Service Workers上で組み合わせるAPIには、リソースをキャッシュするCache APIやプッシュ通知を受信するPush API、サーバと非同期通信するFetch APIなどがあります。サーバとの非同期通信を行うAPIにはXMLHttpRequestもありますが、Service Workers上ではFetch APIを使用する必要があります。

また、ブラウザからスマートフォンのデバイスにもアクセスすることができ、位置情報を取得するGeolocation APIやデバイスの傾きや方角を取得するDeviceOrientation Eventなどがあります。

解答　D

問題 5-22

重要度 ★☆☆

WebSocketの説明として、誤っているものを選びなさい。

A. 常時接続通信である
B. 双方向通信である
C. URIスキーマはws、またはwssである
D. 既定のポートは80番、または443番である
E. P2P通信である

□□□

解説 WebSocket APIについての問題です。

WebSocket APIとは、ブラウザ/Webサーバ間で**双方向の常時接続通信**を行うための技術です。従来、ブラウザ/Webサーバ間の常時接続にはロングポーリングが用いられていました。ロングポーリングとは、クライアントからのリクエストを一定間隔で繰り返すことで、あたかも常時接続をしているかのように見せかける手法です（正確には、いくつかのバリエーションがあります）。ロングポーリングは何度もブラウザ/Webサーバ間の通信が発生するため、通信効率の悪化など、パフォーマンス上の問題がありました。そこで、**WebSocket APIを用いるとより効率的な常時接続通信を実現できます。**

WebSocketのURIスキームはws、またはwss（セキュア通信）のどちらかを用います。既定のポート番号は80番、または443番です。

なお、P2P（Peer to Peer）通信はWebRTCの特徴です（**5-27, 5-28**を参照）。

解答 E

問題 5-23

重要度 ★★☆

ブラウザ/Webサーバ間で非同期通信を行える技術として、正しいものを2つ選びなさい。

A. Geolocation API
B. Fetch API
C. XMLHttpRequest
D. Generic Sensor API
E. WebRTC

□□□

解説 ブラウザ /Web サーバ間での非同期通信についての問題です。

XMLHttpRequest は古くから実装され、Ajax の実現に使われてきました。**Fetch API** は XMLHttpRequest の代替として使用でき、リクエスト送信やレスポンスの扱いが容易になっています。

選択肢 A の Geolocation API は位置情報取得のための API、選択肢 D の Generic Sensor API はセンサーにアクセスするための API であり、いずれもサーバと通信を行うための API ではありません。選択肢 E の WebRTC は、ブラウザ /Web サーバ間ではなくブラウザ / ブラウザ間で非同期通信を行える技術（**5-27** を参照）のため、誤りです。

解答 B, C

問題 5-24

重要度 ★☆☆

XMLHttpRequest の説明として、誤っているものを選びなさい。

A. Ajax を実現するために用いられることが多い
B. 非同期通信である
C. 常時接続である
D. 既定のポートは 80 番、または 443 番である
E. HTTP メソッドを指定できる

解説 XMLHttpRequest についての問題です。

XMLHttpRequest とは、ブラウザ /Web サーバ間で通信を行うための技術です。非同期通信ができ、Ajax（**1-34** を参照）を実装する際に広く用いられています。通信系の API の中ではいち早く実装されているため、さまざまな Web サイトで使用されています。名称のとおり、HTTP 通信を行う API のため、既定のポート番号は 80 番、または 443 番で、HTTP メソッドを指定することもできます。

なお、XMLHttpRequest はリクエスト / レスポンスが完了すると切断されるため、常時接続ではありません。

解答 C

問題 5-25

重要度 ★★☆

Fetch API の説明として、誤っているものを 2 つ選びなさい。

A. ブラウザ / ブラウザ間で通信できる
B. 既定では同一オリジンポリシーに従う
C. Service Workers 上で使用可能である
D. 画面遷移せずにデータを取得できる
E. GET メソッドのみ指定可能である

解説 Fetch API についての問題です。

Fetch API はブラウザ /Web サーバ間で通信を行うための API です。非同期通信ができ、画面遷移をせずにサーバからデータを取得できます。

Fetch API では POST、PUT など GET メソッド以外のリクエスト送信ができます。よって選択肢 E は誤りです。また、選択肢 A のブラウザ / ブラウザ間で通信できる API は WebRTC のため、誤りです。

そのほかの選択肢はすべて Fetch API の説明として正しい内容です。

解答 A, E

問題 5-26

重要度 ★☆☆

Server-Sent Events の説明として、誤っているものを 3 つ選びなさい。

A. Web サーバからデータを送信できる
B. ブラウザからデータを送信できる
C. MIME タイプは application/x-www-form-urlencoded である
D. 非同期処理である
E. HTTP と異なるプロトコルである

解説 Server-Sent Events についての問題です。

Server-Sent Events とは、非同期で Web サーバからブラウザにデータを送信するための技術です。HTTP 通信を用いてデータ送信を実現します。XMLHttpRequest によるロングポーリングによる通信よりも効率的な通信を実現できます。

なお、Server-Sent Events では、ブラウザから Web サーバにデータを送信できません。また、MIME タイプは text-event-stream です。

解答 B, C, E

問題 5-27

重要度 ★☆☆

ブラウザ間でオーディオ / ビデオの送受信を行う技術として、正しいものを選びなさい。

A. XMLHttpRequest
B. WebSocket API
C. WebRTC
D. Fetch API
E. Server-Sent Events

解説 WebRTC についての問題です。

WebRTC とは、リアルタイムコミュニケーション技術です。データだけの通信だけではなく、オーディオ / ビデオの送受信も可能です。WebRTC は、そのほかの通信技術と異なり、ブラウザ /Web サーバ間ではなく、ブラウザ / ブラウザ間（P2P）通信をします。

解答 C

問題 5-28

重要度 ★☆☆

以下のような Web アプリケーションを構築するために、適切な技術の組み合わせを選びなさい。

1. オンライン会議システム
2. チャットシステム

A. XMLHttpRequest / WebSocket API
B. XMLHttpRequest / Server-Sent Events
C. WebSocket API / WebRTC
D. Server-Sent Events / WebRTC
E. WebRTC / WebSocket API

解説 通信系APIについての問題です。
通信系APIの主な特徴を以下に示します。

表：通信系APIの主な特徴

	Server-Sent Events	WebSocket	XMLHttpRequest/Fetch API	WebRTC
通信プロトコル	HTTP	WebSocket Protocol	HTTP	SDPなど
非同期通信	○	○	○	○
常時接続	△	○	△	○
双方向通信	×	○	△（リクエストやレスポンス時にサーバ間とデータを送受信する）	○
特徴	Webサーバから一方的にデータを送信する。データ送信が不要ならば、XMLHttpRequestによるロングポーリングよりも通信効率が高い	双方向の常時接続が可能。複数クライアントとの通信も可能。そのため、チャット機能などの実装に向いている	XMLHttpRequestは最も古くから実装されている通信API。そのため、多くのブラウザに実装されており、互換性が高い。Fetch APIはXMLHttpRequestの代わりに使用できる比較的新しいAPI	オーディオ/ビデオなどを送受信できるP2P通信。オンライン会議システムなどの実装に向いている

上記の組み合わせのうち、オンライン会議システムとチャットシステムに向いている技術の組み合わせとして適切なものは、選択肢Eです。

解答 E

6章

模擬試験

試験時間	90分
問題数	60問

紙面の都合上、この模擬試験ではじめて出てくる用語があったり、1章～5章とは表記が異なる用語を用いたりしていますが、《解説》を読めばわかるように構成しています。
最後まで解いて知識を増やし、実際の試験に備えましょう。

模擬試験

問題 1 □□□

HTTP ステータスコード 401 の説明として、正しいものを選びなさい。

A. 永続的なリダイレクト
B. 一時的なリダイレクト
C. 認証が必要
D. アクセス権が必要
E. リソースが見つからない

問題 2 □□□

サーバが停止していた場合に返却される HTTP ステータスコードとして、正しいものを選びなさい。

A. 200
B. 301
C. 401
D. 403
E. 500

問題 3 □□□

JavaScript からのアクセスを制限する HTTP クッキーの属性として、正しいものを選びなさい。

A. HttpOnly 属性
B. Secure 属性
C. Domain 属性
D. SameSite 属性
E. Path 属性

問題 4 □□□

リクエストメソッドとして、誤っているものを選びなさい。

A. GET
B. SET
C. PUT
D. HEAD
E. TRACE

問題 5 □□□

HTML ドキュメントで使用されている言語を指定する属性として、空欄に当てはまるキーワードを記述しなさい。

```
<html [        ]="ja">
```

問題 6 □□□

クローラーに索引作成を許可する設定として、正しいものを選びなさい。

A. <meta charset="utf-8">
B. <meta name="viewport" content="width=device-width, initial-scale=1">
C. <meta name="description" content=" index, follow">
D. <meta name="robots" content="index, follow">
E. <meta name="author" content="index, follow">

問題 7 □□□

文章型宣言として適切になるように、空欄に当てはまるキーワードを記述しなさい。

```
<[          ] html>
```

問題 8 □□□

ユーザエージェントを認証する資格情報が入るHTTPヘッダフィールドとして、正しいものを選びなさい。

A. Accept
B. Authorization
C. Content-Type
D. Referer
E. User-Agent

問題 9 □□□

Webページ内に検索エンジンが使用するためのメタデータを埋め込むことができるグローバル属性として、適切なものを選びなさい。

A. class属性
B. id属性
C. style属性
D. lang属性
E. itemtype属性

問題 10

DOMの説明として、誤っているものを2つ選びなさい。

A. ツリー構造である
B. id属性が必須である
C. JavaScriptから操作できる
D. イベント処理ができる
E. セッションを管理できる

問題 11

ディレクトリ・トラバーサルの説明として、正しいものを選びなさい。

A. 攻撃者によって不正なスクリプトがWebページに埋め込まれてほかのユーザのブラウザ上で実行されてしまい、偽のWebページが表示されるおそれがある
B. 攻撃者によってユーザが罠のサイトに誘導され、インターネットバンキングの送金処理などの重要な処理をユーザが意図せずに実行させられてしまうおそれがある
C. 攻撃者によって悪意あるSQLが実行され、データベース内の情報の漏えい・改ざん・消去が発生するおそれがある
D. Webサーバに保存されている非公開のファイルにアクセスされ、秘密情報が漏えいしたり、ファイルが改ざん、削除されたりするおそれがある
E. 攻撃者によって、不正なHTTPクッキーがセットされ、なりすまし攻撃されたり、罠サイトにリダイレクトされたりするおそれがある

問題 12

<の文字実体参照として、正しいものを選びなさい。

A.
B. >
C. &
D. <
E. ¥

問題 13

Chromeで実験的なCSSを動作させる際に指定する可能性があるベンダプレフィックスとして、正しいものを選びなさい。

A. -webkit- B. -moz-
C. -ms- D. -o-
E. -s-

問題 14 ■ ■ ■

HTTP/1.1 とは異なる HTTP/2.0 の特徴として、正しいものを 2 つ選びなさい。

A. リクエストメソッドで要求を表す
B. ステータスコードで状態を表現する
C. サーバプッシュが可能である
D. HPACK で HTTP ヘッダを圧縮する
E. リクエスト先を URL で指定する

問題 15 ■ ■ ■

HTTP の標準化を行っている団体として、正しいものを選びなさい。

A. Ecma International B. W3C
C. WHATWG D. IETF
E. IEEE

問題 16 ■ ■ ■

下記のようなコーディングをした場合のテーブル表示方法として、正しいものを選びなさい。

CSS

```
tr:first-of-type { background-color: lightgray; }
```

HTML

```
<table border="1">
  <thead>
    <tr>
      <th>見出し1</th>
      <th>見出し2</th>
    </tr>
  </thead>
  <tbody>
    <tr>
```

```
      <td>1行目</td>
      <td>1行目</td>
    </tr>
    <tr>
      <td>2行目</td>
      <td>2行目</td>
   </tr>
  </tbody>
</table>
```

A. 見出し行のみ背景色が変わる
B. 見出し行とテーブル行 1 行目の背景色が変わる
C. テーブル行 1 行目のみ背景色が変わる
D. テーブル行 2 行目のみ背景色が変わる
E. 見出し行、テーブル行すべての背景色が変わる

問題 17 □□□

transform プロパティの値を rotate に設定した場合の説明として、正しいものを選びなさい。

A. 要素が縮小する
B. 要素が拡大する
C. 要素が傾斜する
D. 要素が回転する
E. 要素が移動する

問題 18 □□□

背景画像を右側縦方向に連続で表示する場合の CSS の設定として、正しいものを選びなさい。

A. `background: url("logo.png") right / 50px 50px repeat-x;`
B. `background: url("logo.png") right / 50px 50px repeat-y;`
C. `background: url("logo.png") right / 50px 50px;`
D. `background: url("logo.png") right 50px 50px repeat-x;`
E. `background: url("logo.png") right 50px 50px repeat-y;`

問題 19 □□□

ボックスモデルに関連するプロパティの説明として、誤っているものを 2 つ選びなさい。

A. margin プロパティは枠線の内側の余白を設定する
B. height プロパティはコンテンツ領域の縦幅を設定する
C. box-sizing プロパティの値を content-box と指定した場合、コンテンツの width には border や padding が含まれる
D. width プロパティはコンテンツ領域の横幅を設定する
E. border プロパティはコンテンツ領域の枠線の太さ、スタイル、色を設定する

問題 20

アニメーションプロパティの説明として、誤っているものを選びなさい。

A. アニメーションを繰り返し再生できる
B. アニメーションの動作について、開始と終了だけでなく中間地点の動作など段階的な設定ができる
C. アニメーションを開始するまでの時間指定ができる
D. CSS プロパティの変化速度を制御するため、:hover などの疑似クラスや JavaScript を用いる必要がある
E. アニメーションの変化にかかる時間指定ができる

問題 21

box-shadow プロパティで下記のようなスタイルを設定した場合の記述として、正しいものを選びなさい。

```
box-shadow: inset 5px 5px 5px gray;
```

A. ぼかしのある影が要素の外側に拡大された状態で入る
B. ぼかしのある影が要素の外側に拡大されずに入る
C. ぼかしのある影が要素の内側に拡大された状態で入る
D. ぼかしのない影が要素の内側に拡大された状態で入る
E. ぼかしのある影が要素の内側に拡大されずに入る

問題 22

テキストの大文字 / 小文字表記を切り替えるプロパティとして正しいものを選びなさい。

A. text-transform
B. transform
C. text-align
D. text-change
E. word-transform

問題 23 □□□

font プロパティの値を強制的に上書きする記述方法として、正しいものを選びなさい。

A. `p { font: normal 10pt italic }`
B. `p { font!important: normal 10pt !italic }`
C. `p { font: normal 10pt !italic important }`
D. `p { font: normal 10pt italic !important }`
E. `p !important { font!important: normal 10pt italic }`

問題 24 □□□

下記の CSS を id 属性の値が target の div 要素にのみ適用する。空欄に当てはまるキーワードとして、誤っているものを選びなさい。

CSS

```
div [          ] {
  width: 200px;
  height: 200px;
  background: url("cat5.png") center/200px no-repeat;
}
```

HTML

```
<body>
  <div id="target"></div>
  <div><p>しっぽ</p></div>
</body>
```

A. `:nth-child(1)`
B. `:nth-last-child(2)`
C. `:nth-of-type(1)`
D. `:target`
E. `:empty`

問題 25 □□□

font プロパティでフォントをゴシック体にする値として、正しいものを選びなさい。

A. serif
B. sans-serif
C. cursive
D. fantasy
E. monospace

問題 26 □□□

以下の HTML のうち、class 属性を持つ li 要素にアクセスするセレクタとして、誤っているものを選びなさい。

HTML

```
<main>
<h3>FLM</h3>
  <div>
    <ol id="list">
      <li class="target">foo</li>
      <li>bar</li>
      <li>foge</li>
    </ol>
  </div>
</main>
```

A. #list > li
B. li + li
C. ol li
D. .target
E. li

問題 27 □□□

Web フォントを設定する際の空欄に当てはまるプロパティとして、正しいものを選びなさい。

CSS

```
@font-face {
  [          ]: "Open Sans";
  src: url("/fonts/sample.woff") format("woff");
}
```

A. font-family
B. font-name
C. name
D. face
E. face-name

問題 28

CSS を表す MIME タイプとして、正しいものを選びなさい。

A. style/css
B. application/css
C. text/css
D. css/style
E. css/application

問題 29

以下の HTML と CSS で構成された Web ページの説明として、正しいものを選びなさい。

HTML

```
<div>
  <img src="cat9.png" alt="cat">
</div>
```

CSS

```
img {
  border-radius: 30% 30% 0 0;
}
```

A. 左下と右下が丸い画像が表示される
B. 左上と左下が丸い画像が表示される
C. 左上と右上が丸い画像が表示される
D. 右上と右下が丸い画像が表示される
E. 右上と左下が丸い画像が表示される

問題 30

list-style プロパティで一括指定できるプロパティとして、誤っているものを 2 つ選びなさい。

A. list-style-type
B. list-style-image
C. list-style-position
D. counter-increment
E. counter-reset

問題 31

次の要素のうち、セクションを構成する要素を<u>2つ</u>選びなさい。

A. section
B. main
C. script
D. h1
E. aside

問題 32

テキストに振り仮名を振り、振り仮名に対応していないブラウザでは（）内に振り仮名が表示されるようにするとき、下記のソースコードの空欄①～③の要素の組み合わせとして、正しいものを選びなさい。

```
<[ ① ]>愛猫<[ ② ]>(</[ ② ]><[ ③ ]>あいびょう</[ ③ ]><[ ② ]>)
</[ ② ]></[ ① ]>
```

A. ① rt　② ruby　③ rp
B. ① ruby　② rp　③ rt
C. ① ruby　② rt　③ rp
D. ① rt　② rp　③ ruby
E. ① rp　② rt　③ ruby

問題 33

テキスト内に緊急の通知が含まれる場合、緊急の通知部分を表す要素として、正しいものを選びなさい。

A. em
B. strong
C. small
D. cite
E. b

問題 34

以下のテキストをマークアップするのに最適な要素の組み合わせを選びなさい。

① Copyright、免責事項、ライセンス要件など
② 引用元に関する情報
③ テーマや物語の変わり目
④ 専門用語や外国語

A. ① em	② hr	③ cite	④ small
B. ① em	② quote	③ hr	④ s
C. ① small	② quote	③ hr	④ i
D. ① small	② cite	③ hr	④ i
E. ① small	② cite	③ hr	④ s

問題 35

リスト要素の説明として、正しいものを2つ選びなさい。

A. ol 要素直下に ul 要素を入れ子にできる
B. li 要素直下に ol 要素を入れ子にできる
C. dl 要素内にアイテムを表す li 要素を配置できる
D. ol はアイテムの順序に意味を持つ
E. dt 要素で用語に対する説明を表せる

問題 36

日時を表すソースコードの書式として、誤っているものを2つ選びなさい。

A. `<time>15 時 11 分 </time>`
B. `<time>2022-09-09</time>`
C. `<time datetime="2022/09/09 15:11">15 時 11 分 </time>`
D. `<time datetime="2022-09-09T15:11"> おやつの時間 </time>`
E. `<time datetime="15:11:13">15 時 11 分 </time>`

問題 37 □□□

表を定義するソースコードとして、文法が正しいものを3つ選びなさい。

A.
```
<table>
  <caption>～</caption>
  <thead>～</thead>
  <tfoot>～</tfoot>
  <tbody>～<tbody>
</table>
```

B.
```
<table>
  <caption>～</caption>
  <thead>～</thead>
  <tbody>～<tbody>
  <tfoot>～</tfoot>
</table>
```

C.
```
<table>
  <thead>～</thead>
  <tr>～<tr>
  <tfoot>～</tfoot>
</table>
```

D.
```
<table>
  <caption>～</caption>
  <colgroup>～</colgroup>
  <tr>～</tr>
</table>
```

E.
```
<table>
  <colgroup>～</colgroup>
  <caption>～</caption>
  <tbody>～</tbody>
</table>
```

問題 38 □□□

下記は viewport の横幅に応じて表示する画像を切り替えるソースコードである。空欄①～③の組み合わせとして、正しいものを選びなさい。

```
<[  ①  ]>
  <source srcset="picture1.png" [  ②  ]="(min-width: 600px)">
  <source srcset="picture2.png" [  ②  ]="(min-width: 1025px)">
  <[  ③  ] src="picture.png" alt="猫の画像">
</[  ①  ]>
```

A. ① img　② picture　③ media
B. ① img　② picture　③ style
C. ① picture　② source　③ img
D. ① picture　② media　③ img
E. ① picture　② style　③ stimg

問題 39

ドキュメントに外部スクリプトを読み込む際に script 要素で指定する属性として、正しいものを選びなさい。

A. href 属性
B. type 属性
C. lang 属性
D. srcset 属性
E. src 属性

問題 40

img 要素の説明として、正しいものを 2 つ選びなさい。

A. width 属性と height 属性で画像のサイズを指定できる
B. ブラウザのウィンドウ幅に合わせて画像サイズが自動で変化する
C. 指定した画像ファイルが使用できない場合、alt 属性に指定した画像が表示される
D. alt 属性は省略可能である
E. 画像の枠線を描画するには border 属性を利用する

問題 41

video 要素を使用して動画を自動再生するとき、下記のソースコードの空欄に当てはまる属性を記述しなさい。

```
<video src="movies/sample.mp4" [          ] muted playsinline></video>
```

問題 42

ブラウザで利用できる動画のファイル形式として、正しいものを 3 つ選びなさい。

A. MP4
B. MP3
C. WebM
D. WAVE
E. MPEG

問題 43 ■■■

フォームに関連する要素や属性の説明として、誤っているものを2つ選びなさい。

A. fieldset 要素でまとめられた入力部品のグループに対し、caption 要素でキャプションを設定できる
B. input にキャプションをつけるには label 要素を使用する
C. input 要素や textarea 要素に maxlength 属性を指定し、入力できる最大文字数を制限できる
D. form 要素で入力されたデータの送信先は action 属性で指定する
E. フォームの送信ボタンは button 要素の type 属性に action を指定して作成する

問題 44 ■■■

フォームの自動補完機能を無効化するとき、下記のソースコードの空欄に当てはまるものとして、正しいものを選びなさい。

```
<form method="post" action="/form" [          ]>
</form>
```

A. aucocapitalize="off"
B. autocapitalize="none"
C. autocomplete="off"
D. autocomplete="none"
E. autofocus

問題 45 ■■■

datalist 要素および option 要素の説明として、誤っているものを選びなさい。

A. input 要素で入力候補を表示できる
B. input 属性の id 属性と datalist 要素の for 属性を一致させることで連動する
C. 入力候補の選択肢は datalist 要素内に option 要素として配置する
D. option 要素の value 属性に送信値、label 属性に表示テキストを指定する
E. value 属性を省略した場合、option 要素内のテキストが送信値となる

問題 46

レスポンシブ Web デザインで使用する主な技術の説明として、誤っているものを2つ選びなさい。

A. フルードイメージとは、ブラウザのウィンドウ幅に応じて表示するコンテンツのレイアウトを変更する手法である
B. フルードイメージは HTML と CSS だけで実現可能である
C. メディアクエリはグリッドという単位でレイアウトを構成し、ウィンドウ幅に合わせてグリッドの数や幅を変更する
D. フルードグリッドは、グリッドの横幅を % などの相対値を指定することで実現する
E. メディアクエリでデバイスの種類やウィンドウ幅に応じて CSS を切り替える

問題 47

フルードイメージを実現するコードとして、正しいものを2つ選びなさい。

A.
```
img { max-height:100%; }
<img src="sample.png">
```
B.
```
img { max-width:100%; height: auto; }
<img src="sample.png" width="640px" height="480px">
```
C.
```
img { min-width:100%; }
<img src="sample.png" width="640px" height="480px">
```
D.
```
img { width:100%; }
<img src="sample.png">
```
E.
```
img { max-width:640px; }
<img src="sample.png">
```

問題 48

viewport を基準とした CSS の単位の中で、viewport の高さに対する割合を表すものを選びなさい。

A. vw
B. vh
C. px
D. vmin
E. vmax

問題 49

メディアタイプに指定できる値として、誤っているものを選びなさい。

A. display
B. screen
C. speech
D. all
E. print

問題 50

下記のソースコード内の user-scalable=no の説明として、誤っているものを 2 つ選びなさい。

```
<meta name="viewport" content="user-scalable=no">
```

A. ブラウザによっては設定が無視される
B. user-scalable プロパティを未指定の場合はデフォルトで yes となる
C. user-scalable プロパティを未指定の場合はデフォルトで no となる
D. user-scalable=no と user-scalable=1 は同じ設定である
E. ユーザが変更可能な最小倍率、最大倍率を設定できない

問題 51

メディアクエリを指定するソースコードとして、正しいものを 3 つ選びなさい。

A. `@media (max-width: 600px) , (resolution: 2dppx) { … }`
B. `@media screen and (orientation:portrait) { … }`
C. `@media print and (aspect-ratio: 16,9) { … }`
D. `@media not speech { … }`
E. `@media mobile and (max-width:600px) { … }`

問題 52

スマートフォンやタブレットなどのモバイル端末のブラウザには、数字列を電話番号として認識して自動でハイパーリンクとして扱うものがある。この機能を無効化するため、空欄に当てはまるキーワードを記述しなさい。

```
<meta name="[          ]" content="telephone=no">
```

問題 53

script 要素に async 属性を指定した場合の動作の説明として、正しいものを 2 つ選びなさい。

A. スクリプトは必ず HTML のパースが完了してから実行される
B. スクリプトファイルの取得も実行も、HTML のパースと非同期に行われる
C. HTML のパースを止めることなく、並行してスクリプトファイルが取得される
D. HTML のパースは一度も停止しない
E. 複数のスクリプトファイルが存在する場合、記述された順と関係なく、取得が終わったものから実行される

問題 54

Generic Sensor API の説明として、誤っているものを 2 つ選びなさい。

A. Sensor インタフェースを直接操作してセンサーデータを取得する
B. Accelerometer や Gyroscope などの API が実装されている
C. センサー使用時に、ユーザの許可が必要になる
D. Generic Sensor API が実装されていれば、デバイスにセンサーがあることも保証される
E. データ読み取りやエラーなどをイベントハンドラで処理する

問題 55

Pointer Events の説明として、誤っているものを選びなさい。

A. マウスやペン、タッチなどをサポートしている
B. ポインタを動かした際などにイベントが発生する
C. ポインタの傾きや圧力を取得できる
D. タッチポイント数を取得できる
E. マウスのボタン数を取得できる

問題 56

新規に Web アプリケーションを作成するに当たり、以下の要件を満たす技術として、適切なものを選びなさい。

- **4KB より大きいデータを保存する**
- **データを一時保存する**

・文字列のみ保存する
・同期処理する

A. Web SQL
B. Indexed Database API
C. localStorage
D. sessionStorage
E. HTTP クッキー

問題 57 □□□

非同期の HTTP リクエストを実行できる API として、正しいものを2つ選びなさい。

A. Server-Sent Events
B. WebRTC
C. WebSocket API
D. XMLHttpRequest
E. Fetch API

問題 58 □□□

WebSocket API 使用時に発生するイベントとして、誤っているものを選びなさい。

A. join イベント
B. error イベント
C. message イベント
D. close イベント
E. open イベント

問題 59 □□□

DRM で暗号化されたコンテンツをブラウザで復号する際に用いられる、W3C 標準技術として、正しいものを選びなさい。

A. SVG
B. Canvas
C. EME
D. QuickTime
E. Media Player

問題 60 □□□

オフラインになっても、訪問済みの Web ページ、および Web ページで使用している画像を表示する場合に、使用する技術として、適切なものを2つ選びなさい。

A. Web Workers
B. Service Workers
C. Cache API
D. Fetch API
E. Push API

模擬試験の解答と解説

問題 1

解説 HTTP ステータスコードについての問題です。

HTTP ステータスコード 401 は認証が必要なことを表します。そのため、選択肢 C が正解です。なお、選択肢 A は 301、選択肢 B は 307、選択肢 D は 403、選択肢 E は 404 の説明です。

解答 C　　**参考** 1-2

問題 2

解説 HTTP ステータスコードについての問題です。

サーバが停止しているなど、サーバサイドのエラーの場合、500 が返却されます。

解答 E　　**参考** 1-2

問題 3

解説 HTTP クッキーについての問題です。

HTTP クッキーに対する JavaScript からのアクセスを制限するには、HttpOnly 属性を指定します。なお、Secure 属性は、HTTPS 通信でのみ HTTP クッキーを送受信するように設定できます。また、Domain 属性は HTTP クッキーにアクセスできるホストを設定、SameSite 属性はサイト間リクエストを実行する際の HTTP クッキーの送受信を設定、Path 属性は HTTP クッキーを送信する際に URL に含むべきパスを設定できます。

解答 A　　**参考** 1-4

問題 4

解説 リクエストメソッドについての問題です。

SET というリクエストメソッドは存在しません。そのほかのリクエストメソッドは HTTP/1.1 以降で定義されています。

解答 B　　**参考** 1-1

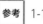

問題 5

解説 lang グローバル属性についての問題です。
lang グローバル属性は、HTML ドキュメントで使用する言語を指定する属性です。音声読み上げソフトへの対応など、ユーザビリティの観点から、html 要素に指定することが推奨されています。

解答 lang　　**参考** 1-19

問題 6

解説 meta 要素についての問題です。
クローラーとは、インターネットに公開されている Web ページを巡回（クローリング）して、検索エンジンのためにインデックス（索引）を作成するソフトウェアです。meta 要素の robots でクローラーに対する動作を指定できます。index でインデックス作成を、follow でリンク先への巡回を許可します。
なお、選択肢 A は Web ページでの文字コード指定、選択肢 B は viewport の指定、選択肢 C は Web ページの説明、選択肢 E は Web ページ作成者の情報です。検索エンジンによっては Web ページの説明などを検索ランキング作成のために参照します。しかし、索引作成の許可とは関係ありません。

解答 D　　**参考** 1-22

問題 7

解説 文章型宣言についての問題です。
文章型宣言は、HTML ドキュメントの先頭に記述する要素です。
<!DOCTYPE html> と記述します。大文字小文字は問いません。

解答 !DOCTYPE　　**参考** 1-16

問題 8

解説 Basic 認証についての問題です。
Basic 認証は HTTP で実装されている認証方式の 1 つで、ほぼすべてのブラウザや Web サーバで実装されています。ブラウザでユーザ名・パスワードを Base64 化したうえで、Authorization ヘッダに付加して Web サーバに送信します。

なお、選択肢Aはクライアントが受け入れ可能なコンテンツタイプ、選択肢Cはコンテンツのメディアタイプ、選択肢Dは前ページのURL、選択肢Eはリクエストをしたブラウザを表すHTTPヘッダです。

解答 B　　**参考** 1-3, 1-6

問題 9

解説 マイクロデータについての問題です。

マイクロデータは、HTMLドキュメントに機械が識別可能なデータを埋め込むための技術です。マイクロデータの情報は、主に検索エンジンなどが使用し、検索結果ページ生成などに活用しています。マイクロデータでは、itemtypeグローバル属性で、データの語彙を指定します。たとえば、語彙策定団体の1つであるSchema.orgでは、人や製品、イベント、場所、レストランなど、さまざまな語彙が定義されています。

解答 E　　**参考** 1-31

問題 10

解説 DOM（Document Object Model）についての問題です。

DOMとは、HTMLドキュメントを制御するためのAPI（Application Programming Interface）です。DOMでは、HTMLドキュメントを解析して、ツリー構造を構築します。そして、ツリーをJavaScriptで操作します。また、解析したツリーのノード（HTML要素）のイベントを制御することもできます。そのため、選択肢A、C、Dは正しい選択肢です。

一方、id属性で特定のノードを制御することもできますが、必須ではありません。また、ブラウザ側のセッション管理はHTTPクッキーなどで行います。そのため、DOMは関係ありません。

解答 B, E　　**参考** 1-29

問題 11

解説 Webセキュリティについての問題です。

ディレクトリ・トラバーサルは相対パスやURLなどを利用して、管理者やユーザが想定しているのものとは異なるディレクトリのファイルを指定し、不正にファイルアクセスをする攻撃です。Web サーバに保存されている非公開のファイルにアクセスされ、秘密情報が漏えいしたり、ファイルが改ざん、削除されたりするおそれがあります。

解答 D　　**参考** 1-42

問題 12

解説　文字実体参照についての問題です。
　文字実体参照とは、半角スペースや不等号などを表記するための方法です。<は < で表記できます。

解答 D　　**参考** 1-18

問題 13

解説　ベンダプレフィックスについての問題です。
　ベンダプレフィックスは、ブラウザベンダが試験的な機能などを実装する際に用いるプレフィックスです。Chrome のベンダプレフィックスは -webkit- です。ベンダプレフィックス付きの CSS プロパティを用いる場合、互換性のためにベンダプレフィックスなしのプロパティも併記します。
　ベンダプレフィックス付き CSS の記述例を以下に示します。

記述例

```
.sample {
  -webkit-animation-duration: 1s;
  animation-duration: 1s;
}
```

　なお、-s- というベンダプレフィックスは存在しません。

解答 A　　**参考** 1-45

問題 14

解説　HTTP/2 についての問題です。
　HTTP/2 からサーバプッシュと HTTP ヘッダの圧縮が可能となりました。サーバプッシュはサーバ側からあらかじめ HTTP レスポンスを送信することで、クライアントの待機時間を削減する仕組みです。また、HTTP ヘッダを HPACK で圧縮して、通信効率を向上させることができます。それ以外の選択肢は HTTP/1.1 と HTTP/2、両方に当てはまります。

解答 C, D　　**参考** 1-47

問題 15

解説 Web 技術の標準化についての問題です。

IETF（The Internet Engineering Task Force）はインターネット技術の標準化を推進する団体です。HTTP や TCP、IP などの標準化をしています。

解答 D　　**参考** 1-44

問題 16

解説 疑似クラス first-of-type についての問題です。

first-of-type は指定された要素が含まれる子要素のうち、同じ種類の子要素の中でも先頭にある要素に対し、スタイルを設定します。本問では、tr:first-of-type {background-color: lightgray;} と設定しています。そのため、背景色が変化するのは見出し行とテーブル行の 1 行となります。見出し行を示す thead 要素内では tr 要素は 1 つ存在しており、この tr 要素の背景色が変化します。また、テーブル行を示す tbody 要素内の tr 要素は 2 つ存在しますが、このうちスタイルが適用されるのは最初の tr 要素（テーブル行 1 行目）となります。

実行結果を以下に示します。

図：実行結果

見出し1	見出し2
1行目	1行目
2行目	2行目

解答 B　　**参考** 2-7, 2-8

問題 17

解説 transform プロパティについての問題です。

transform プロパティを用いると、要素を移動、回転、拡大 / 縮小、傾斜できます。値が rotate の場合は要素が回転します。translate の場合は移動、scale の場

合は拡大 / 縮小、skew の場合は傾斜します。

解答 D　　参考 2-25

問題 18

解説　background プロパティと background-size プロパティ、background-position プロパティ、background-repeat プロパティについての問題です。

background プロパティは、背景関連のショートハンドプロパティです。背景画像を指定する background-image プロパティや、背景画像の繰り返しを制御する background-repeat プロパティなどを一括で指定できます。本問では下記のとおりプロパティを設定しています。

設定

```
background: [url(背景画像のパス)] [background-position]/[background-size] [background-repeat]
```

背景画像を右側縦方向に連続で表示する場合、まず url 関数で背景画像を指定します。今回は右側に画像を表示するため、background-position プロパティの値は right とします。次に、background-size プロパティで大きさを 50px×50px とします。最後に、縦に画像を繰り返し表示するため、background-repeat プロパティの値を repeat-y とします。

background プロパティをまとめて設定する場合、値の記述の順序は決まっていません。ただし、background-position プロパティの値と background-size プロパティの値は「background-position/background-size」という文法で記述する必要があります。また、記述を省略したプロパティには規定値が設定されます。

解答 B　　参考 2-55

問題 19

解説　ボックスモデルに関連するプロパティについての問題です。
CSS のボックスモデルは、コンテンツ領域と枠線、マージン、パディングで構成されています。コンテンツの領域は width プロパティと height プロパティ、枠線は border プロパティで設定します。また、要素の枠線の外側の余白（マージン）は margin プロパティ、要素の枠線の内側の余白（パディング）は padding プロパティで設定します。

box-sizing プロパティではボックスモデルの幅と高さの計算方法を変更します。値が content-box の場合は既定のボックスモデルに基づいて幅と高さの計算が行われます。つまり、HTML要素の占める横幅は、widthにpaddingやborderを加えた大きさになります。widthにpaddingやborderを含める、つまりwidthをHTML要素の占める横幅としたい場合は、box-sizingプロパティの値をborder-boxに設定します。

解答 A, C　　**参考** 2-48, 2-49

問題 20

解説 animationプロパティについての問題です。

animationプロパティはスタイルの変化を制御するプロパティです。animationプロパティでは自律的に動作するアニメーションを制御します。具体的には、アニメーションの開始と終了、またはその間の動作の段階的な設定、アニメーション開始時の時間指定（animation-delayプロパティ）、アニメーションの変化にかかる時間指定（animation-durationプロパティ）、アニメーションの繰り返し指定（animation-iteration-count）などが設定可能です。

animationプロパティの類似のプロパティとしては、transitionプロパティが挙げられます。transitionプロパティではCSSプロパティの変化速度のみ制御します。transitionプロパティを使用する場合は:hoverなどの疑似クラスやJavaScriptを利用し、対象となるCSSプロパティを変化させる必要があります。また、animationプロパティとの共通点は、アニメーション開始時の時間指定（transition-delayプロパティ）やアニメーションの変化にかかる時間指定（transition-durationプロパティ）が設定できる点です。

解答 D　　**参考** 2-29, 2-30, 2-31, 2-32, 2-33, 2-34

問題 21

解説 box-shadowプロパティについての問題です。

box-shadowプロパティは要素に影をつけるプロパティです。設定できる値は以下のとおりです。

設定

```
box-shadow: [inset][x軸の影の大きさ][y軸の影の大きさ][影のぼかし設定][影の拡大設定][影の色];
```

insetとは影を要素の内側に入れるためのキーワードです。本問でもinsetを適用しています。さらに5pxという値が3つあり、それぞれx軸の影の大きさ、y軸の影の大きさ、影のぼかしを設定しています。影の拡大は設定されていません。

実行結果を以下に示します。

図：実行結果

解答 E　　**参考** 2-60

問題 22

解説 text-transform プロパティについての問題です。

text-transform プロパティはアルファベットなどの大文字 / 小文字表記方法を指定します。たとえば、すべての文字を大文字あるいは小文字に変換する、1 つ 1 つの単語の頭文字のみを大文字に変換するなどの設定ができます。選択肢にある transform プロパティは要素を変形するためのプロパティ、text-align プロパティはテキストの寄せ方を指定するプロパティのため、いずれも誤りです。また text-change、word-transform はいずれも CSS のプロパティには存在しません。

解答 A　　**参考** 2-41, 2-43

問題 23

解説 スタイルシートの優先順位を変更する !impotant についての問題です。

!important は、CSS プロパティの優先順位を上げるキーワードです。CSS プロパティは、スタイルシートやセレクタの種類によって適用の優先順位が変わります。しかし、!important がついた CSS プロパティは、もともとの優先順位を無視して最優先で適用されます。

解答 D　　**参考** 2-66

問題 24

解説 疑似クラスについての問題です。

疑似クラスは要素の状態やタイミングに対してスタイルを適用します。:target は URL にフラグメントが含まれる場合、その id が指定された要素を示す疑似クラスです。たとえば、id 属性の値が target の div 要素を表すには、http://flm.co.jp/index#target のような URL である必要があります。本問の場合、URL は指定されていないため、:target で当該の div 要素のみに提供することはできません。そのため、選択肢 D は誤りです。

そのほかの疑似クラスを用いた場合、適切に CSS を適用できます。選択肢 A、B、C、E で Web ページを実行した際のイメージ図を以下に示します。

図：実行結果

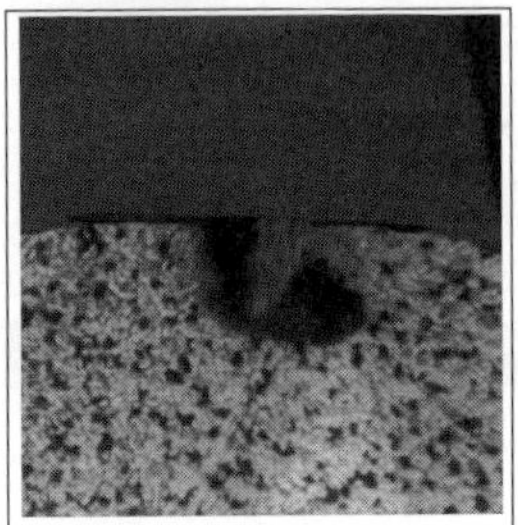

しっぽ

解答 D　　参考 2-7

問題 25

解説　総称ファミリ名についての問題です。

総称ファミリは、指定したフォントファミリが存在しない際の代替案として使用します。一般的に font ファミリの最後で指定します。主な総称ファミリを以下に示します。

主な総称ファミリ名

- serif …明朝体
- sans-serif …ゴシック体
- cursive …筆記体
- fantasy …装飾的フォント
- monospace …等幅

解答 B　　参考 2-38, 2-40

問題 26

解説　結合子についての問題です。

＋は、隣接する兄弟要素を指定するセレクタです。選択肢 B の場合、li 要素と隣接する li 要素を指定しています。この場合、bar と foge のテキストを持つ 2 つ目以降の li 要素が対象となります。そのため、class 属性を持つ li 要素は対象外となります。

解答 B　　**参考** 2-10

問題 27

解説 Web フォントについての問題です。

Web フォントとは、Web サーバ上のフォントデータを取得して、ブラウザ上で文字を表示するフォントのことです。Web フォントは、@font-face 規則で指定します。@font-face 規則では、font-family プロパティで font プロパティのフォントフェイス値で使われる名前を指定します。src プロパティでフォントデータの場所を指定します。

なお、font-family 以外の選択肢に該当するプロパティは存在しません。

解答 A　　**参考** 2-18

問題 28

解説 CSS の MIME タイプについての問題です。

CSS の MIME タイプは text/css です。style 要素で CSS であることを指定する際などに使用します。選択肢 C 以外の MIME タイプは存在しません。style 要素で MIME タイプを指定する記述例を以下に示します。

style 属性の記述例

```
<style type="text/css"> セレクタ { プロパティ : 値 } </style>
```

解答 C　　**参考** 2-2

問題 29

解説 border-radius についての問題です。

border-radius プロパティは、枠の角を丸めるためのプロパティです。値を 4 つ指定した場合の設定は、左上、右上、右下、左下の順になります。そのため、本問のような設定をした場合、左上と右上が丸い画像が表示されます。

本問の Web ページを表示した場合の実行例を以下に示します。

図：実行結果

解答 C　参考 2-59

問題 30

解説　list-style プロパティについての問題です。
　list-style プロパティは、list-style-type プロパティと list-style-image プロパティ、list-style-position プロパティをまとめて設定できるショートハンドプロパティです。counter-increment と counter-reset を指定することはできません。

解答 D, E　参考 2-14

問題 31

解説　コンテンツモデルについての問題です。
　HTML Standard では、ほとんどの要素が 7 つのコンテンツモデルに分類されています。そのうちセクショニングコンテンツは、セクションを明示的に表現するための要素を指します。セクショニングコンテンツに分類される要素は section、article、aside、nav の 4 つだけです。

解答 A, E　参考 3-1, 3-3, 3-5

問題 32

解説　振り仮名のマークアップについての問題です。
　ruby 要素、rt 要素、rp 要素を使用することで振り仮名を振ることができます。ruby 要素内のテキストに対して rt 要素で振り仮名をまとめて指定できます。また、ruby 要素をサポートしないブラウザで振り仮名の代替テキストを表示するために rp 要素を利用できます。

解答 B　　**参考** 3-7, 3-8

問題 33

解説　テキストのマークアップについての問題です。

見出しや段落中の重要な箇所や緊急の通知、警告を表す場合は、「重要」「深刻」「緊急」などの意味を持つ strong 要素を使用します。

解答 B　　**参考** 3-17

問題 34

解説　HTML5 でセマンティクスが定義された要素についての問題です。

HTML4.01 から存在する要素の中には、HTML5 で新たな意味（セマンティクス）が定義されたものがあります。新たな意味が定義された要素の多くは、スタイルを適用するために使用されていた要素です。スタイルは CSS で適用するべきなので、HTML5 では意味が付与されて残されました。これらの要素は HTML Standard にも引き継がれています。

セマンティクスが定義された要素を以下に示します。

表：HTML5 でセマンティクスが定義された主な要素

要素名	説明
b	特に重要性を意図せず、注意だけを惹きたいテキスト
cite	引用元の URL や引用に関する情報を表す
hr	物語のシーンの変化や、別トピックへの話題の転換などを表す
i	専門用語、外国語などほかの箇所とは質の異なるテキストを表す
s	その用語がもう正確ではないか関連性がなくなったことを表す
small	Copyright、免責事項、警告、法的規制などを表す
strong	重要、深刻、緊急などの意味を表す

解答 D　　**参考** 3-15, 3-17, 3-19, 3-26, 3-27

問題 35

解説　リストについての問題です。

アイテムのリストを表す要素は ol 要素と ul 要素です。ol 要素はアイテムの並び順に意味を持ち、ul 要素はアイテムの並び順に意味を持ちません。ol、ul 要素内のアイテムは li 要素で表します。

また、リストは入れ子にして階層構造を表すことができます。ul/ol 要素の直下には li 要素しか配置できません。リストを入れ子にする場合は入れ子にしたいリストを、親となる li 要素内に記述します。

dl 要素は説明リストを表します。dl 要素内に配置できる要素は dt 要素や dd 要素です。dt 要素が用語、dd 要素が用語に対する説明を表します。

解答 B, D　　参考 3-13, 3-14

問題 36

解説 time 要素についての問題です。

time 要素は日時を表す要素です。time 要素内か datetime 属性に機械が識別可能な書式を指定することで、日時情報を表現できます。

datetime 属性に機械が識別可能な日時の値を指定すれば、time 要素内に日時以外の情報を記述できます。

選択肢 A と C はどちらも機械が識別できない書式で日時が書かれているため、誤りです。

解答 A, C　　参考 3-21

問題 37

解説 table 要素についての問題です。

table 要素は行列で構成される 2 次元の表を表現する要素です。table 要素内で要素を配置する順序は以下のように定義されています。

table 要素内で要素を配置する順序

① caption 要素（任意）
② colgroup 要素：0 個以上
③ thead 要素（任意）
④ tbody 要素：0 個以上、あるいは tr 要素を 1 個以上
⑤ tfoot 要素（任意）

解答 B, C, D　　参考 3-31

問題 38

解説 picture要素についての問題です。

picture要素を使用することで、その要素内のimg要素に対して複数のリソースを指定できます。media属性にviewportの横幅などの条件を指定して、条件に応じたリソースの切り替えが可能です。

ブラウザはpicture要素内の複数のsource要素から適切なリソースを選択しますが、適切なものがない場合は最後に配置したimg要素のsrc属性に指定されたリソースが選択されます。

解答 D　　**参考** 3-36

問題 39

解説 script要素についての問題です。

ドキュメント内にスクリプトを埋め込むにはscript要素を使用します。script要素内に直接スクリプトを記述できますが、外部ファイルをsrc属性で指定して読み込むことも可能です。

解答 E　　**参考** 3-37

問題 40

解説 img要素についての問題です。

img要素に埋め込む画像データはsrc属性で指定します。指定した画像がダウンロードできないなどの理由で画像が表示できない場合は、alt属性に指定した代替テキストが表示されます。alt属性は省略可能ですが、アクセシビリティの観点から可能な限り指定すべきです。なお、border属性は廃止されているため使用できません。

また、width属性とheight属性で画像のサイズ指定が可能です。ブラウザのウィンドウ幅に合わせて画像サイズを動的に変更するには、CSSのmax-widthプロパティやwidthプロパティの設定が必要です。

解答 A, D　　**参考** 3-35

問題 41

解説 video 要素についての問題です。
video 要素を使用して文書内に動画ファイルを読み込むことができます。動画の自動再生を設定するには autoplay 属性を指定します。ブラウザによって自動再生には muted 属性の指定が必要です。そのため、auto 属性を指定したからといって、必ずしも自動再生するとは限らないので注意が必要です。

解答 autoplay　　参考 3-42, 3-43

問題 42

解説 動画 / 音声ファイル形式（コンテナ）についての問題です。
ファイル形式（コンテナ）とは、ビデオコーデック / オーディオコーデックにより圧縮された動画データ / 音声データの形式のことです。ブラウザによって対応するファイル形式が異なるため、video 要素 /audio 要素で使用する場合は複数の形式のファイルを再生候補として指定します。
動画ファイルと音声ファイルの主な形式を以下に示します。

表：動画ファイルの主なファイル形式、拡張子と MIME タイプ

ファイル形式	拡張子	MIME タイプ
MPEG	.mpg .mpeg	video/mpeg
MP4	.mp4	video/mp4
WebM	.webm	video/webm
Ogg	.ogv	video/ogg
QuickTime	.mov	video/quicktime

表：音声ファイルの主なファイル形式、拡張子と MIME タイプ

ファイル形式	拡張子	MIME タイプ
MP3	.mp3	audio/mpeg
AAC	.m4a	audio/aac
Ogg	.ogg	audio/ogg
WAVE	.wav	audio/wav

解答 A, C, E　　参考 3-49, 3-50

問題 43

解説 フォーム関連する要素や属性についての問題です。
form 要素内に入力部品となる input 要素や textarea 要素などを配置すること

でフォームを作成できます。フォームで入力されたデータの送信先はform要素のaction属性で指定し、送信で使用するHTTPのリクエストメソッドはmethod属性で指定します。フォームの送信ボタンはbutton要素のtype属性にsubmitを指定することで作成できます。

input要素やtextarea要素のmaxlength属性に文字数を指定することで、入力可能な最大文字数を制限できます。label要素を使用して、これらの入力部品に対してキャプションをつけることもできます。また、複数の入力部品をfieldset要素でグループ化し、legend要素でキャプションを設定できます。

解答 A, E　　参考 3-53, 3-54, 3-55, 3-59, 3-61, 3-63

問題 44

解説 フォームの自動補完機能についての問題です。

フォームや入力部品に対してautocomplete属性を指定することで、ユーザが過去に入力した値を取得し入力を自動化できます。autocomplete属性にonを指定すると自動補完機能がオンになり、offを指定すると自動補完機能がoffになります。onに指定した場合、補完されるデータのほうはブラウザが独自に判断しますが、Eメールアドレスを表すemailや名前を表すnameなど、具体的な種類を指定することもできます。

解答 C　　参考 3-56

問題 45

解説 datalist要素についての問題です。

datalist要素は他の入力部品に対する入力候補のリストです。対象となる入力備品のlist属性とdatalist要素のid属性を一致させることで関連付けされます。datalist要素の選択肢はoption要素で示します。

value属性に送信値、label属性に表示テキストを指定します。option要素内のテキストは、value属性を省略すると送信値、label属性を省略すると表示テキストになります。value属性とlabel属性のどちらも省略すると、option要素内のテキストが送信値かつ表示テキストになります。

解答 B　　参考 3-67

問題 46

解説 レスポンシブ Web デザインについての問題です。

フルードグリッドはブラウザのウィンドウ幅に応じて表示するコンテンツのレイアウトを変更する手法です。グリッドという単位でレイアウトを構成し、ウィンドウ幅に応じてグリッドの数や幅を変更することで実現します。また、フルードイメージはブラウザのウィンドウ幅に応じて表示する画像や動画のサイズを変更する手法です。

いずれの手法でも、CSS においてコンテンツの横幅を % などの相対値を指定することで実現します。

また、メディアクエリはデバイスの種類や画面サイズに応じて適用する CSS を切り替える機能です。

解答 A, C　　**参考** 4-2, 4-3, 4-4, 4-5

問題 47

解説 フルードイメージについての問題です。

フルードイメージを実現するには、img 要素の CSS において width プロパティや max-width プロパティの値の単位を、% などの相対値で指定します。

img 要素に height 属性を指定すると、横幅はウィンドウ幅に合わせて変化しますが、高さが固定されてしまい、画像の縦横比率が変化してしまいます。img 要素に高さを指定し、縦横比も維持するには、img 要素の height プロパティで auto を指定します。

解答 B, D　　**参考** 4-4

問題 48

解説 viewport についての問題です。

viewport を基準として要素の幅や高さを設定できる単位を以下にまとめます。

表：viewport を基準とした CSS の単位

名称	説明
vw	viewport の横幅に対する割合
vh	viewport の高さに対する割合
vmin	viewport の横幅と高さのうち、値が小さいものに対する割合
vmax	viewport の横幅と高さのうち、値が大きいものに対する割合

なお、px は viewport の単位ではありません。

解答 B　　参考 4-7

問題 49

解説　メディアタイプについての問題です。

display というメディアタイプは存在しません。そのほかのメディアタイプは Media Queries で定義されています。

解答 A　　参考 4-12

問題 50

解説　viewport についての問題です。

user-scalable プロパティによってユーザによる Web ページの拡大・縮小の可否を制御できます。デフォルト値は yes（あるいは 1）で操作が許可されています。no（あるいは 0）で操作を禁止できますが、ユーザビリティの観点からブラウザによっては設定が無視されることがあります。

なお、user-scalable プロパティで最小倍率・最大倍率を設定することはできません。minimum-scale プロパティで最小倍率、maximum-scale で最大倍率を設定できます。

解答 C, D　　参考 4-7, 4-8

問題 51

解説　メディアクエリの記述方法についての問題です。

メディア特性の orientation ではデバイスの向き、aspect-ratio ではブラウザの表示領域の縦横比を指定できます。aspect-ratio の値は整数値（横）/ 整数値（縦）という書式で指定します。そのため、選択肢 C は誤りです。

メディアタイプに指定できるのは all、screen、print、speech のいずれかです。mobile というメディアタイプは存在しないため、選択肢 E は誤りです。

解答 A, B, D　　参考 4-12, 4-13, 4-14, 4-17

問題 52

解説 電話番号のリンクについての問題です。

ブラウザによっては、数字列を電話番号、特定の文字列をメールアドレスや住所として認識し、自動でハイパーリンクとして扱う場合があります。このような動作に不都合がある場合は、meta 要素の name 属性に format-detection を指定、content 属性に telephone=no, email=no, address=no を指定することで、自動リンク化を無効化できます。

解答 format-detection　**参考** 4-22

問題 53

解説 defer 属性と async 属性についての問題です。

script 要素に defer 属性や async 属性を付与することで、スクリプトファイルの取得を非同期に行えます。defer 属性では HTML のパース完了後かつ DOMContentLoaded イベント終了後にスクリプトが実行されます。一方、async 属性ではファイル取得後にスクリプトが即実行され、実行中は HTML のパースが中断されます。

また、defer 属性ありのスクリプトは記述した順番で実行されることが保証されます。一方、async 属性ありのスクリプトは記述された順番ではなく、取得完了したものから順番に実行されます。

解答 C, E　**参考** 4-19

問題 54

解説 Generic Sensor API についての問題です。

Generic Sensor API を使用することで、さまざまなタイプのセンサーに対して、統一した方法で値の読み出しなどの操作ができます。Generic Sensor API は、加速度センサーやジャイロセンサー（角加速度センサー）、環境光センサーなどに対応しています。

開発者は Sensor インタフェースを直接利用するのではなく、各種センサー用の API を利用するため、選択肢 A は誤りです。また、Generic Sensor API が実装されていても、Web ページを閲覧しているデバイスに該当のセンサーがあるとは限りません。そのため、選択肢 D も誤りです。

解答 A, D　**参考** 5-14

問題 55

解説 Pointer Eventsについての問題です。

Pointer Eventsはマウスやペン、タッチなど、さまざまなポインティングデバイスに対応しています。Pointer Eventsは、マウスイベントと似たような作りになっています。しかし、入力デバイスの傾きや圧力といったペンを想定したプロパティや、タッチポイント数といったタッチを想定したプロパティなども統合されています。これらによって、異なるポインティングデバイスを統一したイベントで制御するとともに、デバイス特有のデータの取得も可能となっています。

なお、マウスのボタン数を取得するプロパティはありません。そのため、選択肢Eは誤りです。

解答 E　　**参考** 5-13

問題 56

解説 データ保存についての問題です。

Web SQLとIndexed Database APIは非同期処理です。HTTPクッキーのデータ保存容量は4KBです。localStorageはデータを永続保存します。そのため、選択肢A、B、C、Eは条件を満たしません。一方、sessionStorageはすべての条件を満たします。

解答 D　　**参考** 5-15, 5-16, 5-17

問題 57

解説 非同期HTTPリクエストについての問題です。

非同期HTTPリクエストをJavaScriptで実行できるAPIとして、XMLHttpRequestとFetch APIがあります。2つのAPIはほぼ同等の機能を備えています。XMLHttpRequestは歴史の長いAPIであり、ブラウザのサポート状況が優れています。一方、Fetch APIは後発のAPIです。新規に追加されたAPIと親和性が高く、Service Workersのような技術から簡単に使用することができます。

解答 D, E　　**参考** 5-28

問題 58

解説 WebSocket APIのイベントについての問題です。

WebSocket APIではopen、close、error、messageのイベントが発生します。それぞれのイベントの概要を以下に示します。

表：WebSocket APIのイベント

イベント名	説明
open	WebSocket APIは双方向同期接続。しかし、ブラウザとサーバ間の接続が確立するまでは非同期である。接続が確立すると、openイベントが発生する
close	ブラウザとサーバ間が切断した際のイベント。切断理由などを確認できる
error	ブラウザとサーバ間の接続でエラーが発生した際のイベント
message	メッセージを受信した際に発生するイベント。サーバから送信されたメッセージを操作できる

なお、WebSocket APIにjoinイベントはありません。そのため、選択肢Aは誤りです。

解答 A　　**参考** 5-22

問題 59

解説 Encrypted Media Extensions（EME）についての問題です。

EMEはDRMで暗号化されたコンテンツをブラウザで復号する際に用いられる、W3C標準技術です。ほぼすべての主要なブラウザはEMEに対応しています。そのため、EMEで暗号化されたコンテンツはどのブラウザでも閲覧可能です。

解答 C　　**参考** 5-3

問題 60

解説 オフラインWebアプリケーションについての問題です。

Webアプリケーションは、原則的にオンラインでしか動作しません。一方、ネイティブアプリケーションはオフラインでも動作可能です。このWebアプリケーション固有の課題を解決するための技術として、Service Workersがあります。Service Workersは、Webページとは別にブラウザのバックグラウンドで動作するJavaScript実行環境です。たとえば、HTTPリクエストに介入するとして、実際に通信をする代わりに、Cache APIからキャッシュしたコンテンツを取得可能です。これによって、オフラインWebアプリケーションを実現できます。

Service Workersの実行状況や、Cache APIでキャッシュされたデータは開発ツールで閲覧可能です。Chromeの開発ツールでキャッシュされたコンテンツを確認する例を以下に示します。

図：ChromeでCacheを確認する例

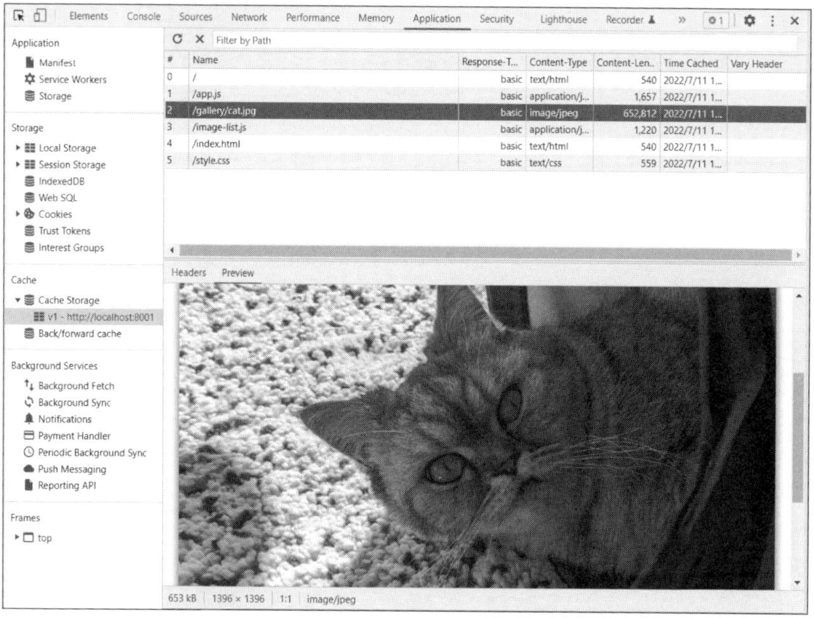

解答 B, C　　**参考** 5-19, 5-21

索引

HTML5 要素インデックス

HTML5 属性インデックス

A・B・C

CSSインデックス（主にプロパティ）

用語インデックス

記号

A・B・C

D・E・F

G・H・I・J

L・M

N・O・P

Q・R・S

T・U・V・W・X

あ行

か行

さ行

た行

や行

ら行

わ行

執筆者紹介

株式会社富士通ラーニングメディア

1977年6月設立。1994年に富士通株式会社の研修業務を継承し、現社名となる。主な事業内容として、人材育成・研修サービスや富士通オープンカレッジを展開している。2,830のオープンコースを提供しており、集合研修をはじめとするリアルタイム系研修を年間7,400開催している。

https://www.fujitsu.com/jp/group/flm/

（左から竹川、結城、七條、抜山）

抜山 雄一（ぬきやま ゆういち）

テクノロジーと教授システムの知見を活用して、研修の企画・開発・実施を行っている。また、大規模研修のプロジェクトマネジメントや人材育成体系のデザイン、オンライン実習環境構築など、さまざまな手法を用いて、お客様の人材育成を支援することもできる。家に猫が住んでいる。

七條 怜子（しちじょう れいこ）

富士通ラーニングメディア入社後、Java、Python、Webアプリケーション開発系の講習会、コース開発を担当。Webアプリケーション開発を通してHTML5に出会う。近年はデザイン思考、心理的安全性、アントレプレナーシップなどのマインド・カルチャー分野での個人と組織の成長支援にも取り組む。

結城 陽平（ゆうき ようへい）

富士通ラーニングメディアでHTML/CSS/JavaScriptなどのフロントエンドの講習会の他、IoTやAIなどの最新技術を題材にした研修を担当している。他にも、課題解決型の新人研修の運営・実施、お客様の人材育成体系の構築や育成施策の実施支援など、活躍の場を広げている。家に猫が住んでいるが、本当は犬派。

竹川 夏実（たけかわ なつみ）

富士通ラーニングメディア入社後、HTML/CSS/JavaScriptなどのフロントエンドの講習会の他、C言語の講習会を担当。新人研修では、Javaの研修を担当している。近年は講師の育成支援や研修コーディネーター業務にも取り組む。

装丁・本文デザイン：坂井 正規
編集・組版：　　　　株式会社トップスタジオ

HTML教科書 HTML5プロフェッショナル認定試験 レベル1 スピードマスター問題集 Ver2.5対応

2022年 12月 7日 初版 第1刷発行
2023年 9月 5日 初版 第2刷発行

著　者　株式会社富士通ラーニングメディア
抜山 雄一（ぬきやま ゆういち）
七條 怜子（しちじょう れいこ）
結城 陽平（ゆうき ようへい）
竹川 夏実（たけかわ なつみ）

発行人　佐々木 幹夫
発行所　株式会社 翔泳社（https://www.shoeisha.co.jp）
印　刷　昭和情報プロセス株式会社
製　本　株式会社国宝社

＊本書へのお問い合わせについては、iiページの記載内容をお読みください。

＊造本には細心の注意を払っておりますが、万一、乱丁（ページの順序違い）や落丁（ページ抜け）がございましたら、お取り替えいたします。03-5362-3705までご連絡ください。

ISBN978-4-7981-7646-8　Printed in Japan